普华文化

PUHUA BOOKS

我们一起解决问题

科学解读心理学实验丛书

自控力实验

谷元音 / 著

人民邮电出版社
北　京

图书在版编目（CIP）数据

自控力实验 / 谷元音著. -- 北京 : 人民邮电出版社，2019.1
（科学解读心理学实验丛书）
ISBN 978-7-115-50533-0

Ⅰ. ①自… Ⅱ. ①谷… Ⅲ. ①自我控制－通俗读物
Ⅳ. ①B842.6-49

中国版本图书馆CIP数据核字(2018)第300171号

内容提要

你为何总是拖到最后一分钟才完成工作？你为何时常情绪失控，对身边的人大发脾气？你为何会把信用卡刷爆，买一堆将会让自己后悔的东西？究竟如何才能增强我们的自控力？

作者在本书中通过深入浅出地介绍与自控力相关的心理学实验研究，为读者揭示了人们失控、拖延或情绪低落的根本原因，系统地分析了实验结论及其对人们增强自控力的指导意义和启示。本书旨在为读者解释那些看似高深、实则浅显易懂的自控力观念，进而为读者提供科学地增强自控力的方法。

如果你想更好地掌控自己的行为、提升生活品质，以及做出更理性的人生决策，相信本书将为你带来有益的启示。

◆ 著 谷元音
责任编辑 曹延延
责任印制 焦志炜
◆人民邮电出版社出版发行 北京市丰台区成寿寺路 11 号
邮编 100164 电子邮件 315@ptpress.com.cn
网址 http://www.ptpress.com.cn
大厂聚鑫印刷有限责任公司印刷
◆开本：700×1000 1/16
印张：15.5 2019 年 1 月第 1 版
字数：300 千字 2019 年 1 月河北第 1 次印刷

定 价：49.00 元

读者服务热线：（010）81055656 印装质量热线：（010）81055316
反盗版热线：（010）81055315
广告经营许可证：京东工商广登字20170147号

SEE WOW!

享受悦读

“知识始于惊奇。”

一本书的温暖和美好，是一份惊喜。

“哇唔图书”精心呵护生活。它坚守一份沉静，在美好的时光中，为你准备这样一种阅读体验——与你一道发现生活的快乐、人性的光芒和智慧的庄严。

我们用心做书。每一本书、每一段文字、每一个标点，我们都希望赏心悦目、温暖动人。书就像一份精美的礼品，献给你生命中的远行。

我们知道，阅读是有趣的；我们更知道，阅读有时也是无趣的。因为不是每一本书都会让人感动，不是每一本书都会捕捉到心灵的颤动。于我，这是一个挑战；于你，这是一份期待。

为此，我们拒绝平庸，拒绝粗糙和泛滥，坚守真实的生活、清新的个性和优雅的气质，只为在你来的路上，等你发现。

我们希望，“哇唔图书”不仅有着专业上的执着，更富有动人的生活情趣，在当下，在轻松的阅读体验中，让你的生活更加简约和有力。

我们希望听到来自你心底的“哇唔”之声。

就像一次梦想中的旅行。在这样的远足中，体验别致的愉悦，发现思想的美丽，感受来自心灵的惊喜和欢呼。

“Wow！”这是我们的约定！

“哇唔！”这是我们的暗号！

让我们一起在书的世界中遇见生活，遇见欢乐。

“哇唔图书”创意部

这本书对你有什么用

本书较全面地收录了与自控力相关的心理学研究成果。在本书中，我们为您呈现了众多与自控力和意志力相关的心理学实验，并细致地介绍了千奇百怪的实验过程，系统地分析了实验结论及其对人们增强意志力、提高自我控制效果的指导意义和启示。

为什么很多人总是把事情拖到最后一分钟才完成？为什么有些人会突然情绪失控，对身边的人大发脾气？为什么有些人会把信用卡刷爆，然后买一堆将让自己后悔的东西？到底是哪里出了问题？是什么让他们的生活变得如此糟糕？

我们在本书中用心理学大师们的实验研究成果向读者说明，疲劳、逃避和外界刺激都只是表面现象，人们失控、拖延或情绪低落的根本原因是意志力衰竭。要想重新掌控自己的行为和决策，形成健康而又活力充沛的生活方式，你就需要从培养和锻炼自己的意志力入手，提升自我控制能力。

本书的价值可以归纳为以下几个方面。

（1）原汁原味地阐述有关自控力的心理学实验，让你了解心理学家眼中的自控力。

（2）深刻、系统地讲解有关自控力的心理学理论，解释那些看似高深、实则浅显易懂的自控力观念。

（3）提供科学的自我控制和意志力锻炼方法，有效提升你的自控力。

总之，拥有良好的生活与工作状态离不开自我控制，而本书将使你重新认识自己的自控力。

前言

本书是我们观察自我、反思自我以及提升自控力的一个入口。近年来，自控力已然成为心理学领域的核心话题之一，这也表明，我们普遍缺乏自控力。

细心的读者自然会发现，这本书的主要特点是收录了50多个经典的心理学实验案例。这可能是本书的最大价值，但也可能是本书给读者制造的一个障碍，因为毕竟要将实验"转化"为我们对日常的理解以及应用，中间尚需一个"自省而明觉"的过程。

但我们认为，没有反思的人生不值得过。

知道自己的问题，这是第一层；能够对自己的不足有明晰的认识，这是第二层；进而能够知道如何调整自己以规避问题，这是第三层。这个过程就是提升自控力的过程。

也许人生中最可怕的不是问题本身，而是不敢直面问题或根本意识不到自己的问题，这样的人生将于当下止步，这是可悲的。同样，也许我们能够直面它，但往往缺乏冷静和理性的态度去了解"问题的基本情况"。我曾跟很多人说过，无论从心理学上还是从哲学上，"问题"都不可能是抽象的、虚无的，它必然是具体的。你也只有把这个问题描述得更真切、更具体，它才可能成为一个"可以解决"的问题。否则，我们的头脑中、意识中都将充满迷雾，从而变得一团混乱，在这种情况下，要想解决问题是不可能的。

以压力为例。

我们内心常常有莫名的压力，包括沮丧的情绪等。然而，当我们这么描述这个问题时，我们其实是不知道怎么解决的。只有当你认真思考这种压力背后究竟存在什么问题以及这个问题究竟为何会产生时，才能更轻松一些，或者更有效地处理它，而不是莫名地陷入消极情绪之中。

这正是我们要强调的观点：把问题当成具体的东西，然后我们才能找到自身的突破路径。

本书的所有实验案例都可以被看作一个个“问题”的经典再现。心理学的任何一个实验都是从“问题假设”开始的，它必然也是具体的。但这些问题都有共通性，它们对我们每个人都有借鉴意义。所以，我们完全可以耐心一点去观察、去体悟，形成自己的心灵感悟。

再次感谢。愿每位读者都能够更智慧、更清醒。

目录

第1章

究竟是谁在控制你——意志力从哪里来

是“谁”在控制你的言行和决定？

1. 自控力是先天遗传，还是后天习得

心理观察

双生子自我监控调查实验

1.1 我们是否天生就会控制自己

在幼儿园中，孩子们有一大半的课程是用来玩耍的，尤其是小班的学生。

针对他们好动、不能长时间坚持的天性，每节课的时间都被安排得比较短。幼儿园小班的课时大约为 15 分钟，中班的课时为 20 分钟，而大班的课时则为 30 分钟。当幼儿园的孩子们升入小学后，他们每节课的时长将变为 40 分钟或 45 分钟。

为什么学校要做这样的安排呢？很简单，因为孩子小的时候自我控制能力较弱，能够集中注意力听课的时间很短。而随着他们年龄的增长，他们的自我控制能力也随之增强，能够坚持更长的时间学习相同的内容。

可见，自我控制能力是随着年龄的增长而逐渐加强的。正因为如此，很多心理学家都在思考一个问题：自我控制能力究竟是天生的，还是个体后天锻炼习得的？它是否会随着个体成长经验的积累而逐渐变强？接下来，我们就来看看心理学家是怎样破解这个谜题的。

1.2 心理实验：遗传与环境，谁在影响你的自控力

1948 年，美国数学家诺伯特·维纳（Norbert Wiener）出版《控制论》一书。随着该控制理论的广泛应用，自我监控理论也开始发展起来。1972

年，心理学家斯奈德（Snyder）提出“自我监控”的概念，并在 1974 年进一步发展了这个概念，用它来解释表情控制和自我呈现的个体差异。

如今，关于自我监控的研究已经非常多，但是在半个多世纪的研究中，心理学家们对自我监控的定义一直没有统一，并且从不同的角度对其进行了不同的解释。不过，从人格角度来说，心理学家更倾向于把自我监控定义为一种人格特质，是人们对自我表现的一种调控能力。所以，自我监控又被理解为自我控制、自我管理、自我调整等。

在提出自我监控的概念后，斯奈德对自我监控进行了一系列研究，其中就包括遗传与环境对自我监控的影响。

1986~1987 年，斯奈德以同卵双生子（同一个受精卵的双胞胎）和异卵双生子（两个受精卵的双胞胎）为被试，对遗传和环境对自我监控能力的影响进行了相应的研究。

实验者猜想，假如自我监控能力具有遗传性，则同卵双生子之间自我监控能力的差异必然比异卵双生子之间的差异小。因为，相对于异卵双生子，同卵双生子之间的遗传基因更相似。同卵双生子的遗传基因在未发生突变的情况下是相同的，而基因突变的可能性是非常小的，可以忽略不计。

实验者使用斯奈德自制的自我监控量表对被试的自我监控能力进行了测量，然后又对测量所得的数据进行了统计分析。

结果，实验者发现，异卵双生子的自我监控能力的差异确实比同卵双生子大。所以，实验者认为，自我监控具有一定的遗传性。

1.3 实验结论：自我监控具有一定的遗传性

从实验中，心理学家得出了以下结论。

结论：自我监控具有一定的遗传性。

在这个实验中，实验者将自我监控视作一种能力，我们可以将它理解为自我控制能力。

继斯奈德之后，很多心理学家展开了针对自我监控、自我控制问题的研究。一些心理学家通过调查研究发现，个体的自我控制能力有一个随着年龄增长的发展过程。鲁利亚 (Luria) 的研究证明了神经系统的发育会直接影响人的自我控制能力的形成。总之，这些研究都证明，先天生物学因素对自我控制能力具有很深的影响。

1.4 自控策略：不同的人的自控能力存在差异

从上面的实验结果中可以看出，个体的自我监控能力具有遗传性。但这并没有否定后天环境对自我监控能力的影响。所以，我们不仅要关注自己天生的自我控制能力，还要注意对自我控制能力的后天锻炼与培养。

后天的锻炼也会影响神经发育，比如从小就接触、学习音乐的人，辨别声音的神经就极有可能比一般人要发达。所以，虽然受到遗传的影响，个体在自我控制能力上存在差异，但是我们不能忽视后天环境对自控力的影响，应该在生活中对自我控制能力加以锻炼。

这个实验对父母教育孩子也有很好的启示。因为先天遗传的影响，不同孩子的自我控制能力不一样，所以家长在培养孩子的自我控制能力时，需要适当地根据孩子的自我控制能力水平区别对待。

2. 是什么影响着你事业的高度

心理观察

延迟满足实验

2.1 你的坚持，决定着你能走多远

在股票市场上，人们经常可以看见这种状况：几个人同时买了一只正在上涨的股票，当这只股票涨到一定程度的时候，有一部分人将股票出手了，他们觉得赚上一笔就行，没必要再担更大的风险。随着股票的继续上涨，不停地有人卖出股票。有一天，股票市场忽然出现了震荡，这只股票不断地下跌，本来还坚持着的人开始怀疑这只股票的潜力，然后也开始抛出手中的股票。结果，一段时间过去之后，这只股票起死回生，又开始不断上涨。于是，之前卖出股票的人开始后悔，而一直坚持的人则感慨自己的坚持是对的，并称："你的坚持，将决定你能够走多远。"

一个人的意志力将在很大程度上决定了他能够走多远，以及他所能够达到的顶点有多高。其实，不只是在股票市场上，在生活和工作中也是如此。在这里，我们并不是让人们去买入并坚持持有股票，而只是以炒股票为例来说明坚持可以为一个人带来的回报。

那些能够坚持安心学习的人，其学习成绩会相对更好；而工作中那些能够坚持到底的人，其工作业绩和成就也会优于一般人。这是因为，意志力强的人，往往会为了实现自己的目标而忍受旁人所不能承受的压力。

曾经有人断言，一个人的意志力将会影响他一生的成就。让我们了解

一下心理学家是怎样证明这个观点的。

2.2 心理实验：一颗软糖与两颗软糖的选择

沃尔特·米歇尔（Walter Mischel）是美国哥伦比亚大学心理学系的教授，他还曾在斯坦福大学任教。他在心理学上的贡献主要集中在人格心理学领域。在研究人的认知和情感的自我控制能力的时候，他对“儿童是否能够在面对诱惑时进行自我控制、放弃即时的满足”产生了兴趣。于是，他在斯坦福大学任教时策划组织了一个非常经典的实验——延迟满足实验，也称“棉花糖实验”或“果汁软糖实验”。

> 实验在美国斯坦福大学附属幼儿园内进行，房间里有一面墙是单向玻璃，实验者可以通过单向玻璃观察儿童的行为。被试是一群 4 岁的孩子。
>
> 实验者给每个 4 岁的孩子一颗好吃的软糖，然后告诉他们可以吃糖，但是如果马上吃掉的话，那么只能吃一颗软糖；而如果等 20 分钟后再吃的话，就能吃到两颗。然后，实验者离开，留下孩子和极具诱惑的软糖。
>
> 实验者通过单向玻璃对实验室中的孩子进行观察后发现：有些孩子急不可待地把软糖吃掉了；还有的只等了一会儿就不耐烦了，然后迫不及待地吃掉了软糖。这两类都是属于“不等者”。
>
> 有些孩子却很有耐心，能经得起诱惑，他们还想出各种办法来转移自己的注意力克制自己的欲望，并借故拖延时间，比如闭上眼睛不看糖，或头枕双臂做睡觉状，或自言自语，或唱歌、讲故事。最后他们等待了20分钟，成功地吃到了两颗软糖。他们属于“延迟满足者”。
>
> 实验到这里还没有结束，这里还只是初步显现了孩子在延迟满足上的做法是有差异的。延迟满足是个体为了更有价值的长远结果而主动放弃即时满足的抉择取向，其展现的是一种自我控制能力。

后来，实验者在这些孩子成为青少年之后又进行了进一步的追踪观察。对他们的家长和教师进行调查的结果显示："不等者"的个性显示出孤僻、固执、易受挫、优柔寡断的倾向；"延迟者"则大部分成了适应性强、具有冒险精神、受人欢迎、自信、独立的少年。在学习方面，"延迟者"的数学和语文成绩比"不等者"平均高出 20 分。

经多年的追踪观察，实验者发现：小时候就表现出很有耐心的孩子，长大后在事业上更为出色。也就是说，延迟满足能力越强的人越容易取得成功。

2.3 实验结论：延迟满足能力会影响一个人的学业、事业

从实验中，心理学家得出了以下结论。

结论一：孩子的延迟满足能力存在个体差异。

结论二：孩子的延迟满足能力可以预测孩子将来在学业、事业等方面的表现。一般情况下，延迟满足能力越强的孩子，越容易取得成功。

这个实验在教育界的影响非常大，它让教育者明白了只让孩子努力学习还不行，他们的延迟满足能力将会决定他们在学业、事业等方面的表现。因此，这个实验结果引起了家长和教师对孩子们延迟满足能力的重视。

2.4 自控策略：培养你的延迟满足能力

很多心理学家认为，米歇尔的延迟满足实验是研究一个人意志力发展的经典实验。因为延迟满足能力反映了个体面对诱惑时的忍耐力和持之以恒的能力，它体现了一个人意志力的强弱，所以一个人的延迟满足能力在

很大程度上体现了这个人的意志能力和自我控制能力。

很显然，这种控制自己延迟满足的能力将影响你在生活、事业上的发展空间。举个例子，你的上司告诉你，因为你的良好表现，公司打算提拔你，给你两个选择：一个选择是让你的职位升一级，成为部门主管，然后你的工资也随之增加；另一个选择是送你去国外学习一年，一年后让你担任另一个地区的总经理，而学习期间你只能享受原职位的基本工资。在这两个选择中，第一个选择是可以立即得到新增收益的，而第二个选择则需要先忍受一年再获取更大收益。但相对而言，第二个选择更加有利于个人的长远发展。所以，选择即时满足的第一个方案，还是选择延迟满足的第二个方案，将会决定你的成就能够达到什么样的高度。

而假如你想要获得更高的成就，能够与更高层次的人站在一起，你就需要具备坚强的意志力，让自己不被眼前的利益所诱惑，坚持一段时间后，你自然会得到更高的成就，获得更大的满足。

这个实验对家长而言，在教育孩子方面也有很好的启示。孩子在小的时候，如果没有家长引导的话，则很难产生延迟满足的意识。因此，家长们应该通过合适的方法培养孩子的延迟满足能力，比如表扬孩子的延迟满足行为，冷静地对待孩子的任性哭闹等。

3. 是什么让你的生活一团糟

心理观察

新西兰调查实验

3.1 自控力将会给你的生活带来什么

米歇尔的“延迟满足实验”证明：一个人的自我控制能力将在很大程度上影响他在事业上的表现，影响他所能够取得的成就。因此，人们想要获得更高的成就，就应该提升自己的自控力，学会延迟满足。

需要注意的是，一个人的自控力还会对他的生活产生影响。很多人认为，自控力较强的人在生活中比较自律，而自控力较弱的人在生活中则相对放松。比如，自控力较强的人可能每天都早睡早起，但自控力较弱的人可能睡懒觉到中午才起，晚上看手机或看电视剧到半夜或凌晨才睡。

一个人的自控力如何，会在很大程度上影响他的生活状态。那么，自控力究竟会对一个人生活的哪些方面产生影响呢？心理学家为了研究这个问题的答案，在世界范围内展开了一项规模宏大的调查研究。接下来我们就从这项调查中寻找答案。

3.2 心理实验：新西兰调查实验

2010 年，一项国际研究的结果展现了个体自控力与生活高度的相关性。该项研究在新西兰进行，实验的被试是新西兰的 1 000 名儿童。实验者在这 1 000 名儿童刚出生时就开始追踪调查，测查他们的自控力。

测查被试的自控力时，为了获得真实可靠的数据，实验者综合自己的观察，孩子的父母、教师的报告，以及孩子自己的报告来评定孩子的自控力水平，并且，实验者每隔一段时间就会测量被试的自控力水平，以及考察被试其他方面的表现。比如，被试的健康状况、抑郁水平、是否酗酒、经济状况、家庭状况等。

这项调查直至被试 32 岁的时候才停止。这个时候，实验者手里已经掌握了一组非常庞大的数据，通过对这些数据进行分析对比发现：自控力差的被试，生活状况相对糟糕。

比如，在健康水平上，自控力差的被试的身体状况比较糟糕，容易患肥胖症、传染性疾病，他们的牙齿也容易出现问题。实验者猜测，这是因为自控力差的人不愿坚持健康饮食，也不愿意坚持刷牙、保持口腔卫生。

在酒精、毒品滥用上，自控力差的被试较易出现酗酒、吸毒等问题。

在经济状况上，自控力差的被试经济状况较差，工资较低，存款较少，而拥有自己的房子和养老金的比率也相对较低。

实验者对被试的家庭状况进行调查时发现，与自控力强的被试相比，自控力差的被试较难维持一段长期的婚姻关系，较易成为单独养育孩子的单亲父母。因此，自控力差的被试的家庭状况也相对较差。

更重要的是，自控力差的人的犯罪率也较高。数据显示，自控力最差的那一组和最强的那一组的被试在 32 岁之前犯过罪的比率分别是 40% 和 12%。

不过，当分析被试的抑郁状况的数据的时候，实验者发现：被试是否抑郁以及抑郁的程度和其自控力水平没有关系。

3.3 实验结论：一个人的自控力和他的生活状态高度相关

从实验中，心理学家得出了以下结论。

> 结论一：一个人的自控力与其生活高度相关，自控力会在其生活的各个方面产生影响。
>
> 结论二：自控力差的人，其生活相对糟糕。

3.4 自控策略：提高你的自控力，不要让你的生活一团糟

从调查结果中可以很明显地看出一个人的自控力会对他的生活产生多

大的影响。从中我们得到的启示是：为了让自己生活得更加积极健康，我们要努力提高自己的自控力。

其实，你只要仔细思考一下就会发现，自控力会体现在生活的各个方面。比如，在早上起床的时候，你有可能非常想继续睡下去，但你的意志力会让你选择准时起床，而不是继续睡下去；吃早饭的时候，你有可能在为吃什么而纠结，你有很多想吃的食物，但是你的体重不允许你吃那么多，于是意志力会让你选择只吃两个包子，而不是把想吃的都买上一份；到了工作的时候，你有可能不想工作，想要玩游戏、上网，但你还有相对而言无趣的工作要完成，于是你的意志力会让你选择坚持工作；而到了晚上该睡觉的时候，你有可能还想看电视，你的意志力这时又会让你选择准时睡觉，而不是继续看电视。

这些日常的大小选择都会涉及你的自控力，假如你的自控力不够强大，你就会很容易服从于自己的各种欲望。这些屈服于欲望的选择让你的生活和工作变得一团糟：体重增加，工作任务无法按时完成，睡眠不足……

无论是从实验结果，还是从生活事实来看，我们都可以发现：一个人的自控力会对他生活的各个方面都产生影响，假如一个人的自控力很差，那么他的生活将会很糟糕。所以，如果你想要一种健康、规律的生活，那就要加强自己的自控力，加强对自身的控制。

4. 无时不在的力量

心理观察

BP 机调查实验

4.1 一天有多少时间需要自控力

自控力跟我们的生活和工作都高度相关，我们在生活和工作上都需要利用自控力来控制自己和调整自己的状态。不过，每一天我们究竟有多少时间需要用自控力来控制自己呢?

我们重新来回顾一下每天的生活。起床的时候，你可能会出现想要赖床的想法，这时你需要自控力来控制自己抵制继续睡觉的欲望；吃饭的时候，你可能会想要吃某种食物但出于健康的考虑又不能吃，这时你需要自控力来控制自己选择有益于健康的食物；工作的时候，你可能想放弃某个棘手的项目，这时你需要自控力来控制自己去防止情绪失控；晚上该睡觉的时候，你还是需要自控力来控制自己关掉电视，开始睡觉。

需要抵制欲望的时刻，当然不仅限于以上这些。比如，你在商场里看到某件衣服、某件饰品或某种零食时非常想买，但其实你并不需要它们，这时你就需要控制自己的购买欲。可见，我们一天里需要用到自控力的时候非常多。

如果以上推测还没有足够的力量来说服你相信自控力的作用，那么我们再来看一项实验，实验的结果会告诉你自控力在生活、工作中有多么广泛的应用。

4.2 心理实验：BP 机传达的秘密

威廉·霍夫曼（Wilhelm Hofmann）曾经做了一项研究，他调查了人们一天当中会有多少时候需要依靠自控力控制自己抵制不同的欲望。

实验者选择的被试是被招募来的志愿者，这些志愿者一共有 200 名，他们都配有 BP 机。实验时，实验者每天不定时地呼叫被试 7 次。被试每次接到传呼的时候，都要向实验者报告自己是否正在体验、抵制某种欲望，或者刚刚体验、抵制完某种欲望，这些欲望都是什么，自己是通过什么方法控制自己抵制欲望的，是否成功抵制了欲望等问题。

最终，实验者一共收集到了一万多份来自这些志愿者的报告。实验者对被试的报告进行了统计分析。结果发现：被试平均在 10 次报告中就有 5 次正在体验、抵制某种欲望，有 2 次是在接到传呼之前刚刚体验、抵制过某种欲望。

当统计被试抵制的欲望种类时，实验者发现：排在第一的是对食物的欲望；排在第二的是对睡眠的欲望；排在第三的是人们的休闲欲，即想要休息、玩游戏而不愿意工作的欲望；排在第四的是人们的性欲；第五，则是人们的交往欲，如查看自己的电子邮件、上社交网站等。

实验者在对被试抵制欲望的方法和策略进行统计后则发现，被试使用的策略非常多，但是最为普遍的就是转移注意力和直接压抑。而这些抵制方法也会因为欲望的性质不同而带来不同的效果。

最后，实验者通过统计被试在抵制欲望时的成功率发现，参加调查的被试成功抵制欲望的比率只有 50%。

4.3 实验结论：个体每天需要抵制欲望的时候很多

通过对实验数据的分析，实验者得出以下结论。

结论一：人们每天需要利用自控力抵制欲望的时候很多。

结论二：人们抵制的欲望中，排名第一的是食欲，第二是睡眠欲，第三是休闲欲，第四是性欲，第五是交往欲。

结论三：人们成功抵制欲望的比率不高，大概只有 50%。

4.4 自控策略：需要你控制自己的时候很多

霍夫曼的实验结果显示，人们每天需要利用自控力帮助自己抵制欲望的时候很多。但是，自控力不仅仅体现在抵制欲望的时候，还体现在对自我控制的其他方面。比如，在控制自己的言语、情绪时，在控制自己的信念进行决策时，人们都需要自控力。所以，心理学家认为，人在每一天中，利用到自控力的概率远比霍夫曼实验得出的结果中所显示的概率要高。人们在每一天的生活中会普遍地用自控力来实现自我控制。

这再次告诉我们，自控力与我们的生活、工作息息相关。所以，假如我们想要掌控自己的生活和工作，那我们就需要强化自我控制能力。

霍夫曼的实验调查还显示，人们控制自己的方法虽然很多，但是最为普遍的是通过转移自己的注意力和直接压抑来控制自己。但面对不同的场景时，这两种方法不一定总是有效的。所以，人们在控制自己的时候还需要掌握技巧，针对想要抵制的欲望选择正确的方法。

比如，在工作的时候想控制自己的睡眠欲、休闲欲和交往欲，可以利用逆向思维法来加强自己的自控力：想象你如果不去工作，你的工作任务就不能按时完成，就会导致你被上司批评、需要加班等后果，甚至可能导致你在下次人事调动的时候与升职无缘。所以，想要加强自控力，选对方法也很重要。

5. 为什么坚强的你也会觉得累

心理观察

萝卜和巧克力饼干实验

觉得累，那就一定有累的原因。

5.1 我没有多余的精力

不知道在你身上是否出现过这种情况：当需要处理的事情比较多，又比较紧急时，你就会没有精力再去应对一些小问题，并在某些方面降低对自己的要求。

> 比如，我有一个朋友，体态偏胖，为了让身材变得完美，她戒了自己最喜欢吃的甜食且每天只吃两餐。但是，在准备考研的一段时间里，她对自己的要求却降低了。除了在三餐中不断地给自己补充营养之外，她也不再限制自己吃零食。结果，考研结束之后，她的体重增加了将近 20 斤。

其实这种现象很普遍。比如临考前，学生宿舍里往往一片脏乱，学生们都不再注意卫生事宜；在处理一项烦琐的工作时，那些吸烟者的吸烟量会大幅增加。

这是什么原因引起的呢？大多数人会这样回答："太忙了，没有多余的精力再去考虑这些小事情。"从表面上来看，人们觉得自己的精力被其他事情给"耗光"了。而心理学家则认为，这种情况的出现可能不仅仅是因为个体体力的耗竭，还有可能是因为个体在坚持做一件事情的过程中耗光了意志力所导致的。

那么，意志力会不会被消耗掉呢？心理学家通过一项实验解答了这个疑问。

5.2 心理实验：萝卜和巧克力饼干实验

在研究自控力的时候，心理学家发现自我控制的力量——意志力是有限的，并不是用之不尽的。它会随着个体的使用而慢慢减少，当个体在一件事情上消耗了大量的意志力之后，在处理第二件需要意志力控制的任务时就会出现控制力减弱的情况。因此，心理学家认为，意志力可能跟肌肉的力量一样，是有限的，用久了人们会感到疲惫，意志力会变弱。

为了证实这种猜测，美国佛罗里达州立大学的心理学教授罗伊·鲍梅斯特（Roy Baumeister）进行了一项有名的意志力消耗实验。

> 在这个实验开始之前，所有被试都被要求禁食，也就是说，当被试走进实验室的时候都是空着肚子的。当被试进入实验室后，实验者告诉他们，即将进行的实验是为了测量他们的智力，而被试需要完成的任务则是解答实验者预先准备好的几何题。
>
> 被试为了让自己呈现一个较高的智力水平，努力解答着这些几何题，但事实上这些题都是无解的。实验者真正的目的并非是要测试他们的智力水平，而是测试他们在解题时能够坚持多长时间才放弃。
>
> 在整个实验中，被试被实验者随机分成了三组，并被施予了不同的实验处理。第一组被试和第二组被试在做题之前，都被带进了一间放着刚烤好的巧克力饼干以及一些萝卜的房间。其中，第一组被试进去的时候，实验者告诉他们可以随便吃房间里面的巧克力饼干。而第二组被试进去的时候，实验者则告诉他们只可以吃房间里面的萝卜，不可以吃美味的巧克力饼干。也就是说，第二组的被试很可怜，他们要用极强的意志力来抵制美味诱人的新出炉的巧克力饼干的诱惑。一段时间

之后，第一组被试和第二组被试才被实验者带进解题的实验室。

第三组是控制组，被试没有被带进放着巧克力饼干和萝卜的房间，而是被直接带进解题室去解答那些几何题。

最后，实验者对所有被试坚持的时间进行了统计。第一组被试，也就是可以吃巧克力饼干的被试，他们平均坚持了 20 分钟；第二组被试，即只能吃萝卜的被试，他们平均坚持了 8 分钟；而第三组被试，即控制组被试，他们平均坚持了 20 分钟。

5.3 实验结论：意志力是有限资源，具有有限性

实验者认为，第二组被试的平均坚持时间之所以最短，是因为他们在饥饿中抗拒美味的巧克力饼干时，耗费了大量的意志力。这导致他们在解答几何题的时候，相对于其他两组被试，只能用微弱的意志力来坚持解题，所以，他们坚持的时间最短。由此，实验者得出了以下结论。

结论一：意志力是会被消耗的，需要意志力参与的自控过程都会消耗意志力。

结论二：意志力是有限的，会在行为控制的过程中被逐渐消耗殆尽。

5.4 自控策略：当意志力被耗竭时，请提高你的警惕

我们从鲍梅斯特的实验可知，一个人的意志力是有限的，是可以被消耗的。关于这一点，估计很多人都有过体验，比如极度劳累时，脾气变得难以控制。但是却很少有人能够意识到这种现象的出现是因为自己在进行自我控制的过程中意志力被大量消耗。从这里我们可以获得以下启示。

（1）当意志力被消耗后，注意提高警惕

从实验中第二组被试的反应来看，当一个人的意志力被消耗时，他的自我控制能力就会变差。这一点直接表现在人们的生活和工作中，比如变得无法坚持工作，容易因为一些小事发脾气。

每到周五时，上班族就极易在地铁上与人发生争执。因为，人们经过连续一周的工作，个人意志力被极大地耗损，自控能力很弱。所以，到周五的时候，人们的意志力处于一种耗竭的状态，自我控制能力也大幅降低，难以控制自己的言行和情绪。而在挤地铁的时候，人们一旦遇到被他人碰撞，或者有人插队等情况，便特别容易发火，从而导致矛盾与争执的发生。

当经历了一些消耗意志力的事情之后，你应该提高警惕，避免自己的言行、观点及情绪脱离控制。控制不了情绪，与恋人吵架；做出不正确的决策，买了一大堆你不需要的东西等，这些都是你不愿意看到的。

当你发现自己的意志力被大量消耗后，不妨适当地调整一下自己。可以放松一下，做个深呼吸；也可以暂时放下手中的事情，通过一些自我暗示的手段让自己放松，恢复活力。

（2）将重要的事情放在意志力充足的时候做

很多事情的处理都需要人的坚持，需要意志力的参与，比如作决策时，一个人需要意志力控制自己的思维不受情绪、主观片面看法的影响；与重要的人打交道时，需要意志力控制自己的表现，让对方看到一个完美的自己。

人的意志力一旦被损耗，想控制自己就会变得很困难，有可能导致个体无法控制自己的坏情绪，也有可能行为失控。所以，在安排自己的工作或者生活时，我们可以将一些重要的事情安排在意志力比较充沛的时候做。这样有利于在做这些重要的事情的时候更好地控制自己，取得更好的效果。比如，在周一考虑如何做重要的决定，把对重要人物的接待安排在自己的意志力比较强的时间段。

假如，你无法妥善安排这些重要的事情，不得不在你意志力耗竭的时候去做，那么你也可以适当地预先安排一个休息放松的时间，让自己的意志力得以恢复，从而更加完美地将事情处理好。

6. 用什么补充你枯竭的意志力

心理观察

糖水实验

6.1 意志力被消耗完了怎么办

我们知道意志力是有限的、与我们的生活和工作高度相关的，生活和工作中都会有很多需要消耗意志力进行自我控制的时候。这时，我们又有了一个新的疑问，那就是面对这么多的需求，我们的意志力资源是否够用？如果意志力在自我控制过程中已消耗完，我们应该怎么办？

> 你在上午刚刚完成了一项对意志力要求非常高的工作，比如查找两本电话号码簿中的不同项及错误项。本来你以为下午的工作会相对轻松一些，但是上司却让你去接待一位难缠的客户。然而，此时，你的意志力已被上午的工作消耗完，所以在面对这位客户时，你很容易情绪失控。也就是说，你正面临着意志力供不应求的困境。

在生活和工作中，人们遭遇这种困境的频率其实很高。那么，要怎样才能跳出这种困境呢？

很简单，既然意志力供不应求，但是又不能减少消耗，那就只能提高供给量。为此，人们开始思考“意志力应该怎样补充”的问题，并展开了一系列研究。

6.2 心理实验：糖水的力量

如前文所述，在研究自我控制的意志力时，很多研究者发现意志力是一种会被消耗的有限资源，就跟人的肌肉力量一样。于是心理学家开始大胆猜测，既然意志力与肌肉力量都可以被消耗，那么意志力是否可以像肌肉力量一样被补充呢？

美国佛罗里达州立大学的加里奥特（Gailliot）教授等人在研究意志力的时候发现：人体血液中的葡萄糖对个体的意志力有着很大的影响。自我控制的行为，即意志力的使用会导致人体血液中的葡萄糖含量减少。这一点很好地解释了意志力的有限性。

近年来，心理学家对此进行了多项研究，而研究结果纷纷表明：意志力与葡萄糖有直接的联系。

实验一

在实验之前，实验者先将自愿参与实验的被试随机分成两组，让其中一组喝下加了葡萄糖的水，而让另一组被试喝下加了代糖的水。代糖是在食品制作中，商家用来代替糖的一种东西。代糖有甜味，但是热量很低。也就是说，代糖不能像葡萄糖那样给人们提供能量。

喝完水后，两组被试被安排看一个无声的短片，短片的内容是对一位女士的采访。实验要求被试通过观看短片，理解短片中女士的肢体语言，并在短片结束的时候向实验者做报告。

除此之外，实验者还要求被试在观看短片的时候，尽量忽略屏幕上闪过的一串串单词。被试还被告知：假如他们观看短片时，发现自己的注意力被这些单词吸引了，就要克制自己，将注意力重新拉回短片中的这位女士身上。

实验者认为，这种“控制自己不将注意力放在单词上”的行为，可以引起意志力的损耗。但是，想要正确解释短片中女士的肢体语言，被试又必须控制自己的注意力才行。因此，假如葡萄糖是意志力的能量来源，能够补充个体被消耗的意志力，提高个体对自己的控制能力，那么喝了含有葡萄糖的水的被试应该能够更加准确地解释短片中女士的肢体语言。

最后，实验者发现，喝了含有葡萄糖的水的那一组被试对短片中女士的肢体语言的解读准确率较高。而喝了含有代糖的水的那一组被试则在解读肢体语言时出现了很多的错误。

因此，实验者认为，葡萄糖可以使个体损耗的意志力得到补充，提高个体的意志力。

此类的研究还有很多，比如研究意志力的专家鲍梅斯特教授，就曾通过大量的实验证明了葡萄糖对意志力的重要作用。鲍梅斯特对个体实施自我控制前后血液中的葡萄糖水平进行测量后发现，自我控制会使个体血液中的葡萄糖水平降低。

实验二

实验者先让两组被试完成一项需要自我控制的任务，使他们的自制力被消耗。然后再让两组被试分别喝下含有葡萄糖和食品甜味剂（不含葡萄糖）的柠檬水。

15 分钟后，实验者再次让两组被试完成一个需要意志力参与的任务。实验者比较两组被试完成第二个任务的情况后发现，喝下含有葡萄糖的柠檬水的被试在第二个任务中的表现相当不错，而无糖组的表现则差很多。

因此，鲍梅斯特等研究者认为，葡萄糖是意志力的能量来源。

上述两个实验都向人们证明了葡萄糖是意志力的能量来源，但是也有研究者提出了不同的观点。他们的研究显示葡萄糖的代谢并不能够让人们提高或者恢复意志力。这两种相互矛盾的观点让更多的研究者展开了对自制力与葡萄糖之间的关系的深入研究。而最近的一项研究结果似乎可以说明这两者之间的关系。

实验三

这个实验是由美国佐治亚大学的研究人员设计并开展的，他们招募了 51 名学生作为被试，进行了与前面两个实验相似的实验研究。

实验者先让被试完成一个简单的实验任务，这个任务简单到让所有的人都觉得枯燥烦闷。这个任务就是：将《统计年鉴》里所有的字母“E”都圈出来。因为这项任务非常枯燥乏味，所以被试花费了很大的意志力来控制自己去完成这项任务。

任务完成之后，实验者给了他们每人一杯水，让他们漱口。不过，他们拿到的水不是一样的。一半的被试拿到的是放了糖的柠檬水，另一半被试拿到的是含有蔗糖素的柠檬水（蔗糖素是一种甜味剂，不能被人体代谢，即不能给人提供热量）。

漱口完毕后，实验者给被试布置了另一项任务：斯特鲁普任务（Stroop）。被试会从一个屏幕上看到许多表示颜色名称的单词，如“红色”（red）、“绿色”（green）。但是这些单词的字体本身的颜色和词义表达的颜色不同。如“红色”一词可能是用绿色、黄色或者蓝色等非红色来显示的。而被试要做的就是在看到一个单词的时候，立刻说出屏幕上单词字体的颜色而非词义。即当蓝色字体的“红色”出现时，被试需要报告“蓝色”，而不是“红色”。

通过比较两组被试在斯特鲁普任务中的反应速度和正确率，实验者发现：用含糖的水漱口的被试比用人工甜味素漱口的被试要表现得更好。

6.3 实验结论：葡萄糖能够提高个体的自制力

心理学家对实验三的结果进行了分析，他们认为人们的舌头上有“糖感应器”，它能够识别出给人提供热量的葡萄糖。当葡萄糖经过舌头时，“糖感应器”被激活，向大脑中与自我控制相关的神经中枢发送信号，提醒身体。还有心理学家认为，葡萄糖可能还会刺激大脑里的奖励机制，让个体在“吃”到葡萄糖的时候，获得情感强化，从而在任务执行的过程中表现得更好。由此，心理学家得出了以下结论。

结论一：葡萄糖对个体的意志力有重要作用，能够提升个体的意志力。

结论二：葡萄糖对意志力的作用不一定需要通过代谢来完成，也可以通过其他途径来让一个人的意志力得到补充和提升。

6.4 自控策略：及时补充葡萄糖能量

从上述三组实验的结果中，我们虽然无法知道葡萄糖是否为意志力的能量来源，但是却可以明确一个结论：葡萄糖能够在一个人的意志力耗竭时补充他的意志力，让他更好地完成需要意志力控制自己的任务。

也就是说，加里奥特教授提出的“葡萄糖在个体自我控制中占有重要地位”的观点是正确的。这提醒我们在需要控制自己的时候要对葡萄糖给予足够的重视。

（1）不宜过度疲劳，注意饮食和休息

很多人都知道，工作与休息的时间应该合理安排。想要保证良好的工作状态，就要先保证自己睡眠充足、饮食健康。但很少有人能够意识到，饮食和休息还会影响到自己的意志力水平。

通过三个实验的实验结果，我们可以知道，意志力的使用会消耗个体血液中的葡萄糖，而在意志力消耗之后，一个人的自控能力会降低。所以，我们不应该让自己过度疲劳，应该注意休息和营养物质的摄入。

当葡萄糖得到补充之后，一个人的意志力会得到相应的提升。所以，我们还应该按时进餐，补充自己所需的营养物质，这样也是在补充自己的自控力。

（2）合理利用甜品补充自己的意志力

人们在生活中需要意志力的时候非常多，所以，意志力不够用的状态经常会出现。我们需要学会及时补充我们的意志力。

以上的实验结果使我们知道葡萄糖能够很好地补充意志力。不论它究竟是以怎样一种方式补充的，我们都可以在急需意志力控制自己的时候，通过补充葡萄糖来补充自己的意志力。

比如，在办公桌上摆放一些甜品或饮料，当你遇到琐碎的工作，需要消耗大量的意志力时，就可以通过食用这些东西来补充自己的意志力，从而让自己保持良好的工作状态。

7. 你需要的不仅仅是一颗糖果

心理观察

计划坚持实验

7.1 依然不能解决的意志力问题

从前文中可以得知，意志力的特点是具有有限性、可被消耗，但意志力被消耗时，我们可以通过葡萄糖的摄入快速补充意志力。但是，是不是意志力只要可以得到补充即可，而完全不用担心意志力的消耗会对生活产生影响呢？答案是否定的。

举个很简单的例子。手机电池可以通过充电来补充电量，但是假如电池本身的容量不大，就算可以补充电量，在使用的时候也会很麻烦，因为你无法随时随地为手机充电。比如，你在街上打一个很重要的电话，电话还没有打完，手机却没电了，此时，你就要寻找充电的地方。

因此，就算我们可以通过葡萄糖对意志力加以补充，但是意志力会被快速损耗的特点还是会给我们的工作和生活造成一些麻烦。

我们怎样才能解决这种麻烦，让自己拥有更加强大的意志力呢？有人提出了这样的设想：既然通过锻炼可以增强肌肉的耐力和爆发力，那么我们是否可以通过锻炼来增强我们的意志力呢？

7.2 心理实验：你的坚持会带来什么样的改变

通过对意志力特性的研究，心理学家发现个体的意志力与肌肉力量一样具有有限性和可补充性。因此，心理学家怀疑意志力是否还存在其他和肌肉力量相同的特点。比如，人们可以通过锻炼增强肌肉的耐力和爆发力，那人们是否也一样可以通过自我控制的训练增强意志力呢？

为此，心理学家们进行了一系列实验研究。

澳大利亚的两位心理学家梅甘·奥腾（Megan Oaten）和肯·程（Ken Cheng）为了研究“意志力是否可以通过锻炼变得更强大”这一问题，招募了一些想要对自己生活中的某个方面进行改善的志愿者作为被试，进行了关于意志力锻炼的实验。

参与实验的被试一共被分成三类：第一类被试是想通过运动改善自己的身体健康状况，但是一直没有进行定期运动；第二类被试是想要改善自己不良学习习惯的学生；第三类被试是在花钱方面缺乏节制，但想要养成良好理财习惯的人。

实验者分别给这三类被试安排了不同的意志力锻炼计划。对于想要使身体变得更健康的被试，实验者让他们免费进入一个健身房，并给他们设计了一个定期健身的计划，并要求这些被试每天写日志，记录当天的运动情况。

针对想要改变自己学习习惯的学生，实验者帮助他们确定了学习的长期目标，以及长期目标下的二级目标，并针对目标制订了学习任务计划。在这个计划中，学生们的总目标被分成了一个个小目标，而总任务也被分成一个个小任务，而且这些学习任务都是配合学生被试的生活而安排的。同样，学生被试也被要求每天记下自己的任务完成情况。

针对想要培养自己理财习惯的被试，实验者为他们每人做了预算，并给他们制订了一个计划，让他们存下更多的钱。同样，他们每天也要进行记录。不过，他们需要记录的内容相比前两类被试记录的内容更多。他们不但要记录每天消费的详细账单，还要记录他们在克制自己消费时挣扎的感受。

三种类型的被试开始按照实验者的计划要求，一步步实施改变。在这个过程中，被试经常被请到实验室玩一个游戏。

在这个游戏中，被试会在一个屏幕上看到 6 个黑色的方块，而其中 3 个方块会闪耀一段时间。闪耀完后，所有方块开始在屏幕上随机滑动。而被试需要做的就是紧盯那 3 个一开始闪耀过的黑色方块，在 5 秒钟后向实验者报告哪 3 个是一开始闪耀过的方块。

这是一项很难完成的任务。但更难的是，在被试进行这个找方块游戏的时候，实验者还会在旁边用电视播放一个非常有名的单人滑稽戏剧表演视频。从电视中不断传来观众们的欢笑声，这使被试更难集中精力去紧盯着随机滑动的黑色方块。

每次被试来到实验室的时候，都需要做两次游戏。在第一次的时候，被试的意志力很强，但是到了第二次的时候，由于他们在第一次游戏中意志力有所消耗，自我控制能力降低，因此在游戏中取得的成绩也有所下降。

实验者记录下被试在找方块游戏中每次取得的成绩，然后再进行对比。实验者发现，随着被试对改变计划的贯彻执行，他们在找方块游戏中得到的成绩也越来越好，他们越来越能够成功地抵制喜剧的诱惑，将注意力集中在随机移动的黑色方块中。尤其是被试第二次做游戏时的成绩有了显著的改变——被试能够成功地在意志力消耗之后，维持自己的注意力。

实验者对被试想要改变的方面进行调查后发现，被试获得了自己想要得到的成果。坚持健身的人得到了更健康的身体，坚持学习的人养成了良好的学习习惯，想要改变理财习惯的人存了更多的钱。

不仅如此，实验者对被试生活中的其他方面进行调查后发现，发生改变的不仅仅是他们想要改变的那一个方面，在生活的其他方面，他们的行为表现也越来越积极。

7.3 实验结论：意志力可以通过训练得到提高

从实验中，心理学家得出了以下结论。

结论一：意志力可以通过训练得到提高。

结论二：个体接受某一方面的意志力训练，不仅可以改善其在这一方面的表现，还可以使其生活的其他方面得到改善。

7.4 自控策略：锻炼你的意志力

我们从实验中可以知道，意志力是可以通过训练得到提升的。这解答了我们的问题，即我们可以通过锻炼来提高意志力水平，增加意志力的存储量。

我们在前文中提到，心理学家曾经通过实验证明意志力是具有遗传性的，并与个体的神经发育高度相关。而恰恰因为人的神经具有可塑性，人们可以通过锻炼使某一种类型的神经变得更加强大，所以心理学家认为，人们同样可以通过锻炼使意志力变得更强大。本节的实验结果就验证了这种观点的正确性，还证明了意志力确实可以通过锻炼变得更加强大。

虽然意志力带有遗传性，不同个体的意志力存在差异，但我们还是应该通过适当的意志力锻炼，来强化自己的意志力。

比如，像实验中的方法，通过对自己生活的某一方面制订一个合理的计划并坚持执行，来锻炼自己的意志力。实验结果已经证明，这种锻炼的效果很多时候是多方面的。比如，你锻炼了自己对食物的意志力，那么，这种意志力在你抵制睡眠欲望的时候也会起到作用。

因此，你可以选择一种对你来说相对容易落实的锻炼方式，比如准时起床、睡觉或锻炼身体，以此来锻炼自己的意志力。

8. 其实，事实比你想象中的积极

心理观察

意志力分配实验

8.1 生活是否将会一团糟

看过前面的诸多实验后，有人可能会产生一种比较消极的看法——认为自己的自控力不是很好，想要坚持训练自己的意志力也比较困难，所以担心自己的意志力无法帮助自己完美地掌控生活。

其实，很多人都希望自己的意志力变得强大，自己可以随时控制自己的言行、情绪等。但是真正去实施的时候却发现：这并不像想象中的那么容易。

很多人都有过这种体验：某一天，决心要改变自己的某种行为，如赖床、拖延等，于是给自己精心制订了一个改变计划，比如在接下来的每一天应该什么时候起床，每天用心工作多少个小时等，但是，在执行计划的时候，却总是出现各种各样的困难，最终使很多改变计划都不了了之。

因此，很多人对“通过锻炼来改变自己的意志力”的态度都比较消极，而面对意志力的消耗和需求又颇感无力。

不过，有心理学家却提出了积极的看法。他们指出，意志力有较强的环境适应性，一个人会针对生活需要以及事情的紧急、重要程度来自行调控对意志力的使用。很多时候，意志力并没有被白白消耗掉，而是在个体的调控之下被储存了起来。

8.2 心理实验：三个自控任务

有些研究者比较疯狂，他们在钻研一种事物的时候，会做出各种大胆的猜测，然后一一加以验证。研究意志力的心理学家在研究了意志力的遗传性、与生活的高度相关性、有限性和可锻炼性的特点后，又猜测意志力会像其他资源一样具有可存储性。于是，他们展开了新一轮的研究。

这项研究是由马克·穆拉文（Mark Muraven）等人进行的。在做实验之前，他们大胆地假设人们的意志力可以被存储。有时候，人们所表现出的意志力损耗并不是被完全消耗掉了，而是被人们储存了起来。

实验中，实验者将被试随机分成两组，安排他们完成一项任务，并且告诉他们，接下来还有两项任务需要他们去完成。

不过，实验者在告知被试这件事情的时候，会通过不同的表达方式让两组被试分别产生两种不同的看法。他们让第一组被试认为，完成第二个任务和第三个任务都要消耗他们大量的意志力资源。实验者让第二组被试认为，第二个任务会消耗他们的意志力资源，但第三个任务不需要。事实上，实验者给两组被试安排的任务是相同的。

实验者仔细观察了两组被试在完成任务时的表现，并进行对比。实验者随后发现第一组被试在完成第二个任务时的表现比第二组被试更差，但是在完成第三个任务的时候却表现得更好，而且在那些因为第一个任务而消耗较大的被试身上，这种现象更加明显。

8.3 实验结论：意志力具有可存储的特点

实验结果证明，实验者最初的假设是正确的。众多的心理学家对此进行了分析。

心理学家认为，这个实验的结果进一步证明了意志力资源是有限的，但是这种有限的资源并不会被完全地消耗掉。一个人在意志力的损耗过程中会无意识地将资源存储起来。比如，第一组被试在完成第二个任务时，将自己的意志力存储起来了，以准备应付第三个任务。而第二组被试则没有，所以第一组被试与第二组被试相比，在第二个任务中表现得较差，但是在第三个任务中表现得较好。

也就是说，当人们面临自控任务时，会在潜意识中根据这个任务的重要性，以及此后其他任务对意志力的需求，来选择是否储存一部分意志力，以及储存多少。因此，心理学家认为，意志力存在一定的环境适应性，人体会根据将要面对的问题来自动调节对意志力资源的分配。

从实验中，心理学家得出了以下结论。

结论一：意志力具有可存储的特点。

结论二：人们对意志力资源的存储是一种无意识的调节行为。

8.4 自控策略：正确看待意志力的各种特点

我们从实验结果中可以看出，意志力具有可存储的特点，而这种特点是个体在使用意志力的过程中进行无意识调控的结果。人们在日常生活中，会无意识地对即将操作之事的重要性和紧急性进行评估，然后再按照重要程度对有限的意志力资源进行分配。所以，大多数时候意志力都不会被完全消耗掉，而是被人们无意识地存储起来，由此我们可以获得一些启示，如下所示。

（1）你的意志力其实比你想象中的强大

你的意志力其实比你想象中的强大，而且你还能无意识地根据生活需要进行调控。所以，你完全不需要因意志力可消耗性、有限性的特点而感到灰心丧气。

不过，这个实验结论只能说明我们可用的意志力资源比想象中的要多，我们会无意识地对意志力资源进行分配。但是，自我控制是一个有意识地使用意志力的过程，假如你不进行自我控制，那么意志力资源的多与少便失去了意义。

所以，从自我控制的角度来说，这个实验的结果给了我们积极的启示，但并不能帮助我们改变自己的控制力。你若想要提升自我控制能力，还需要有意识地利用自己的意志力来进行自我控制。

（2）让自己有意识地认识到各种事情的重要程度

我们从实验结果中可知，一个人会无意识地针对事情的重要性进行意志力资源的分配。在生活中，我们也可以利用这一点，将自己的意志力划分到重要的事项上。

想要达到这个目的所需要做的就是有意识地让自己了解、认识到每一天中需要面对、处理的事情的重要程度，将自己每一天或一段时间之内将要面对、处理的事情进行重要性等级的划分。这种划分不但可以帮助我们在意识层面认识到事情的轻重缓急，然后做出合理安排，而且有利于我们无意识地将意志力资源分配得更为合理，更好地同时处理多件事情。

大家都知道，事情有轻重缓急之分，但是却很少有人将每天的事情按照轻重缓急进行划分。而事实上，这种划分非常有必要，它可以帮助我们将有限的时间和精力进行合理的分配。很多图书都建议人们利用这种方法来管理自己的时间。

第2章

靠什么抵制诱惑

面对诱惑，你是否具有抵抗力？

1. 为什么你总是禁不住诱惑

心理观察

面孔识别实验

1.1 戒不掉的烟与酒

说起自我控制，大部分人都会想到诱惑。因为很多人都有过抵制诱惑的经历，而抵制诱惑的结果有成功，也有失败。

这种成功与失败可以在一个人或不同的人身上得到体现。比如，你成功抵制了甜食的诱惑，但是你有可能无法抵制一双昂贵的新款鞋子的诱惑。这是在同一个人身上出现的对不同诱惑的抵制结果。

在面对同一种诱惑的时候，不同的人也会出现不同的抵制结果。

> 我父亲曾经是一个烟瘾很大的人，几乎每天都要吸一包香烟。后来，由于身体健康状况不佳，父亲开始戒烟。一开始，谁也没在意。但后来，父亲真的把烟戒了。周围很多吸烟的朋友都表示很惊讶，因为他们也曾多次尝试戒烟，但总是在戒烟过程中因为经受不了烟草的诱惑而导致戒烟失败。

可见，同一个人对不同的诱惑，以及不同的人对同一种诱惑的抵抗能力都是不一样的。那么，这种现象是怎样造成的呢？我们通过什么样的方法可以提高自己对某种诱惑的抵抗力呢？我们来看一项实验，这个实验的结果可以给我们带来一些启示。

1.2 心理实验：延迟实验的后续

还记得在第 1 章的第 2 节中讲的延迟满足实验吗？在实验中，心理学家米歇尔让一群孩子选择是即刻吃掉眼前的一颗诱人软糖，还是等待 20 分钟之后吃两颗软糖。结果，两种选择各有人选。其中，选择“即刻吃掉眼下的一颗软糖”的被试，被称为“低延迟者”；而选择“在等待 20 分钟之后吃两颗软糖”的被试则被称为“高延迟者”。

40 年后，米歇尔为了进一步研究个体的自我控制能力，将当年参与软糖实验的孩子们重新召回实验室，进行了新一轮的实验研究。

在实验中，实验者同样需要一些引起被试失控的因素。但是很显然，40 年前使用的软糖对已步入中年的被试已经没有作用了。所以，实验者选择了一些面孔代替软糖来刺激被试。

具体实验过程如下所示。

实验者给被试随机呈现一些男性和女性的面孔，并要求被试对这些面孔的性别进行辨别，通过按键做出选择。

实验者对需呈现的面孔图片进行了一定的处理，前后呈现的图片中的面孔的表情存在巨大差异。在实验的前半部分，实验者呈现给被试的面孔都是没有表情的，在实验的后半部分，实验者呈现给被试的面孔都带有一定的表情，有些是积极的表情，如高兴；有些则是消极的表情，如恐惧。

实验者猜想，个体在看到一些带有表情的面孔时，会不自主地被吸引（有实验研究证实过，带有表情的面孔更具吸引力），被试的注意力会被转移，这个时候，被试对面孔进行性别的辨认就会受到影响，他们的按键反应会变慢，按键反应的准确度也会降低。

在实验过程中，实验者会记录下每名被试按键反应的准确度。除此之外，实验者在整个实验过程中，还使用功能性磁共振成像对两组被试大脑中与延迟满足相关的神经系统进行了监控与观察。

实验结束后，实验者对收集到的数据资料进行分析。从被试按键反应正确率的统计中，实验者发现：低延迟者与高延迟者在实验的前半部分（即出现的脸孔都是没有表情的实验部分），其按键反应准确度没有差异；但是到了实验的后半部分，低延迟者比高延迟者的差错率高。尤其是当出现的面孔带有积极的情绪时，低延迟者的错误率更高。

在对比被试的神经活动图后，实验者发现，在实验的后半部分，当被试看到有吸引力的、带有表情的面孔时，高延迟者的大脑中与抑制冲动和自我控制相关的右前额叶脑回的活动非常活跃，且其活跃程度远远高于"低延迟者"此区的活动。但是，低延迟者的大脑中也有一个比高延迟者更活跃的区域，那就是大脑中负责处理积极和奖励信号的腹侧纹状体部分。

1.3 实验结论：低延迟者对诱惑更加敏感

实验者对实验的结果进行了分析，高延迟者和低延迟者在实验的前半部分按键反应的准确率几乎没有差别，这表示两者在面对正常刺激时的反应速度和准确率几乎没有差别，即两者的反应水平相当。但是，两者在面对带有表情的脸孔时，其按键反应却出现了差距，这说明两者在面对诱惑时的自我控制能力有差异。

两者的神经系统成像图又反映出：在面对具有吸引力的面孔时，高延迟者的自我控制中枢非常活跃，这说明高延迟者正在通过意志力抵制诱惑；而低延迟者的腹侧纹状体部分很活跃，这说明低延迟者在面对诱惑的时候更兴奋，想要奖励自己。因此，心理学家得出了以下结论。

结论一：小时候延迟满足能力较弱的人，成年后对诱惑的抵抗力也相对较弱。

结论二：对诱惑抵抗力相对较弱的人，对诱惑更加敏感。

1.4 自控策略：适当地避开敏感的诱惑

米歇尔的这个实验结果，为我们之前提到的问题提供了一种线索：一个人对不同的诱惑具有不同的抵抗力，可能是因为一个人对不同的东西有不同的敏感度；而不同的人对同一种诱惑的抵抗力不同也是因为他们对这种东西的敏感度不一样。

一个人对之越是敏感的东西，在产生诱惑的时候，他就越难抗拒。我们基于实验中高延迟者和低延迟者的区别可以看出，两者不仅在自控力上有差异，对诱惑也有不同的敏感度。延迟能力越弱的个体，即自我控制能力越弱的个体，其对诱惑的敏感度就越高。

从这里可以看出，一个人对诱惑的敏感度会对他在抵制诱惑时的控制力上产生很大的影响。而对诱惑的敏感度，我们则应该基于一个人的体验和平时其对诱惑的抵抗力来进行判断。

当面对一种诱惑的时候，你感到非常兴奋，而且对这种兴奋感你根本就无法抵抗或者说没有想过要抵抗，那这基本上可以说明：你在此刻对这种诱惑非常敏感。面对这种敏感的诱惑时，你的自控力会变弱，你会变得难以抵抗。

如果你正在抵制某种诱惑，或者想要防止自己被某种诱惑干扰，但是你对这种诱惑又非常敏感，那么你最好避免这种诱惑出现在自己的面前，以此来防止自己在诱惑面前行为失控。比如，你正在减肥，但你对美味的甜点一直没有抵抗力，为了避免自己在减肥过程中被甜点诱惑，上下班时最好避开路上的甜点屋，并且提前与你的好友打好招呼，让他们不要叫你一起出去买甜点。

2. 状态不好，更经不起诱惑

心理观察

香烟实验

2.1 状态不好，更容易被诱惑

什么时候我们最不能抵抗诱惑呢？

我们结合自己的经验，可以大体分出两种情况：一是当自己意志力薄弱的时候，即我们在第 1 章中提到的意志力被大量消耗的时候，比如在忙了一整天之后；二是当自己正处于对被诱惑对象极度饥渴的时候，比如一个有烟瘾的人，一整天都没吸烟的时候。

> 有一位明星曾在一个访谈节目里回忆，他曾去偏远地区工作了一年，在这一年之内他没有沾过荤腥。过年回家的时候，他母亲端出来一碗米粉肉，他一口气都吃掉了。

试想，要是在随随便便都能够吃到肉的时候，这个明星怎么会一见着米粉肉就扑上去吃一大碗？即便他再想吃，为了保持身材，估计也能忍上一阵。所以说，当一个人本身处于一种对某种东西极度饥渴的状态时，他更容易被其诱惑。对此，有心理学家专门进行了实验加以验证。

2.2 心理实验：两种状态的不同表现

诱惑是自我控制研究中的一项重点内容。经过观察和研究后，心理学家认为诱惑能够消磨个体的意志力，从而影响个体的行为，个体需要意志力驾驭自我控制的行为。

在研究诱惑对个体的影响的过程中，有心理学家提出了两种截然相反的理论。一种理论认为，诱惑会影响个体的认知，使个体认为服从于诱惑才是正确的选择。比如，戒烟者面对香烟的诱惑时，可能会想到“我要是不吸烟，就没有精神工作”，这会促使吸烟者心安理得地选择吸烟。这个理论的基本观点就是：诱惑影响了个体的认知，而这种认知会促使个体出现非理性行为。

另一种理论是：诱惑的出现会引发个体的自我保护机制，使个体立即产生警惕和抵制。比如，给戒烟者一根香烟，他脑海里立即会产生“我正在戒烟”之类的想法，从而拒绝接受香烟。

在这两种观点的影响下，心理学家提出了新的观点，即诱惑对一个人的影响与其当时所处的状态相关。对此，心理学家通过以下实验进行了验证。

在实验中，实验者选择 53 名吸烟者作为被试。实验者将他们随机分成了两组。

实验者要求第一组被试在实验开始前的 3 个小时内禁烟；而要求第二组被试在实验开始前吸烟。实验者的目的在于，让第一组被试处于一种吸烟的欲望没有被满足的饥渴状态，而让第二组被试处于欲望得到满足的状态。

实验开始后，实验者让两组被试分别评估吸烟的乐趣，展示他们对香烟的依赖程度。

在间隔一段时间之后，这些被试再次被请回实验室，进行第二次实验。第二次实验跟第一次实验的处理只有一处不同，在第二次实验中，附加了一个延迟选择。实验者给被试一些香烟，并告诉他们：假如他们等待 40 分钟后再吸烟，就可以得到 3 欧元，假如立即吸烟就拿不到钱。

实验者观看了两组被试在面对香烟的诱惑时的反应，以及他们对香烟的评价之后发现，第一组被试，即没有得到满足的吸烟者，对香烟的评价更高，而且更容易选择立即吸烟；而第二组被试，即得到满足的被试，其对香烟的评价相对较低，并更容易选择等待40分钟后再吸烟。

2.3 实验结论：个体本身的状态会影响诱惑对个体的作用

根据上述实验中两组被试的不同反应，心理学家得出了以下结论。

> 结论：一个人本身的状态会影响诱惑对他的作用。当一个人对诱惑处于一种不满足的状态时，他会很容易改变自己的认知，选择被诱惑；而当一个人处于一种满足的状态时，他会更加倾向于抵抗诱惑。

2.4 自控策略：判断自己的状态，采取不同的抵抗措施

我们从实验中可以看出，一个人的状态怎样，会在很大程度上影响诱惑对他的作用。而在不同的状态下，诱惑所产生的影响也不一样。从这里我们可以获得启示：面对诱惑，我们要时刻关注并判断自己所处的状态，针对自身状态选择合适的抵抗诱惑的方法。

在不同的状态下，诱惑对我们的影响也不一样。当自己状态不好（对某种诱惑处于极度不满足的状态）时，诱惑会改变我们自身的认知，让我们认为接受诱惑变得理所当然；而状态好（处于一种满足的状态）时，人们会更加坚定地抵抗诱惑。

很显然，在这两种状态下诱惑产生的影响不同，导致我们抵抗诱惑的难度变得不一样，因此，我们采取的措施也应该不一样。由此我们可以得知，面对诱惑时，准确判断自身状态对选择合适的抵抗措施非常重要。具

体来说，有两点内容，如下所示。

（1）当自身处于极度不满足状态时，要避开诱惑

状态不好的时候，诱惑会改变一个人的认知。这其实是人们的一种自我调控手段，目的在于使自己内心平衡。假如，一个人处于一种未被满足的状态，非常想要满足自己，那么在面对诱惑时，他就倾向于选择被诱惑。这时，为了达到内心的平衡，他就会改变自己的认知，为自己的行为找一个“合理”的理由，促使自己心安理得地接受诱惑。

在这种状况下，个体若想要抵抗诱惑，最有效的办法就是避开诱惑。这是因为，你难以意识到自己认知的改变，这个时候你想要利用改变自己的认知观念的方法来控制自己不受诱惑会变得非常困难。因此，最好的办法就是避开诱惑，避免出现自己在不知不觉中心甘情愿地被诱惑的情况。

（2）趁自己状态良好，加强抵抗诱惑的能力

当个体处于良好状态时，也就是当其处于满足状态时，其对相应事物的需求就会暂时减弱。比如，吸烟者在吸烟过后，对烟草的欲望得到满足，对烟草的需求也暂时减弱。这就导致一个人在这种状态下对诱惑的抵抗力变强。

在一个人的内心平衡层面上，当他得到满足时，一方面本身需求减弱，抵抗诱惑变得容易；另一方面，在认知上，他会认为需要抵抗诱惑，同时还有可能为刚刚得到的满足心存一定的“罪恶感”。因此，在这种状态下，无论是需求、认知还是情感都支持他抵抗诱惑。

当你判断出自己处于这种已满足的状态时，你更容易顺从自己的想法，抵抗诱惑，同样还可以将自己有限的意志力分配到其他需要的地方。除此之外，你还可以体验自己在这种状态下成功抵抗诱惑之后产生的成就感，强化抵抗诱惑的决心及行为。

在面对诱惑时，除了应该准确地判断自身所处的状态之外，还可以通过一定的方法调整自己的状态。比如，当发现自己处于一种不满足状态时，预先对自己进行认知调整，或通过其他积极的形式让自己获得一定满足，从而让自己处在积极的状态下，这样才更容易抵抗诱惑，控制自己的行为。

3. 小诱惑易挡，大诱惑难防

心理观察

短信金钱实验

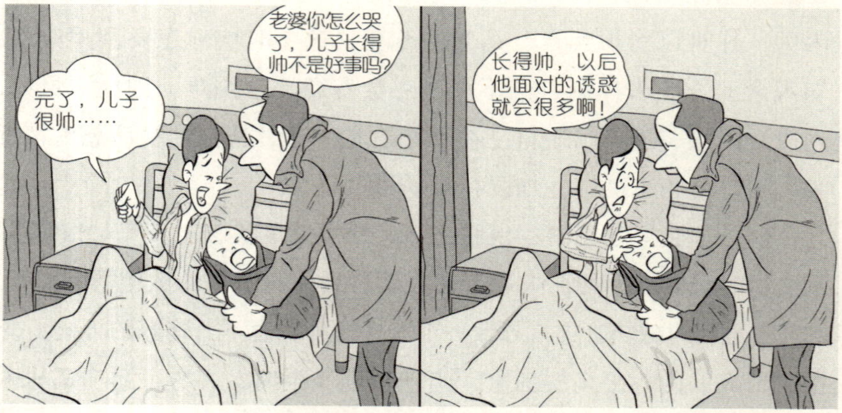

有人说，没有不被诱惑的人，只有不够力度的诱惑！
你抵抗诱惑的极限在哪里？

3.1 你能抵抗多大的诱惑

一位父亲在教育儿子时给儿子讲了下面这个故事。

一个商人来到三家店面：A 店、B 店和 C 店。商人对三个店主说："我现在可以给你们一万元的货物，等你们把货物卖完再把货款还给我。"三位店主满口答应。

一个月后，三位店主都把货物卖完，并如期把货款还给了商人，并提出赊购进货的要求。这一次，商人给了他们每人两万元的货物。

第二个月过去了，A 店店主消失了，他没有归还商人的货款，也没再来进货。B 和 C 两店的店主则如期交了货款，又提出赊购货物。这一次商人给了两个店主各 5 万元的货物。

结果，第三个月过去后，B 店的店主也消失了。只有 C 店店主归还了货款，并继续向商人赊购货物。几个月后，商人一次给了 C 店店主 15 万元的货物。这一次，C 店店主也消失了。

故事讲完后，这个父亲对自己的儿子说："不同的人有自己不同的底线，不是不受诱惑，只是诱惑的筹码还不够。"我们通过这句话可以看出，面对诱惑，谁都有可能无法抵抗。而诱惑越大，成功抵抗它的可能性就越小。

生活中这样的事情很多。比如，我的一个朋友曾经怂恿我在放假期间陪她去山东。开始时，我坚决地表示："我不愿意去。"后来，她不断地向我描述在旅行的过程中将会有多少好处。结果，我的意志力逐渐变得薄弱，最终答应朋友与她同去。

可见，诱惑的大小会在很大程度上影响一个人抵抗诱惑或自我控制的结果。还有一个心理学实验可以验证这一观点。

3.2 心理实验：成年人的延迟满足

心理学家保尔·阿奇利（Paul Atchley）和阿米莉亚·沃登（Amelia Warden）曾做过一个与手机短信相关的延迟满足实验。

在实验中，实验者将被试随机分成了两组，并让他们分别回答一些不同的问题。实验者问第一组被试："假如你收到一个重要的人给你发的短信，如果你立刻回复这条短信，你能得到 5 美元；但是如果你等上一阵子再回复，你最多可以得到 100 美元，你会怎么选择？"这个等待的过程被限定为 1 ~ 480 分钟。

实验者问第二组被试："给你两种拿钱的选择，一种选择是现在就拿到 5 美元，另一个选择是等会儿再拿钱但最多可以拿到 100 美元，你会怎么选择？”被试等待的过程被限定为 1 ~ 150 天。

结果，两组被试都能等上一段时间，选择延迟满足。但是，第一组被试等待的时间更短。实验者认为，有可能对于第一组被试来说，回复重要人物的短信也是一种奖励，所以回短信与拿到钱是双重诱惑。而被试在面对双重诱惑时，比面对单纯的金钱诱惑更没有抵抗力，所以等待的时间更短。

为证明这个猜想，实验者又进行了第二个实验。实验者问被试：假设给你发短信的是一般朋友和亲戚，立即回复可得到 5 美元，等待一段时间后回复，最多可拿到 100 美元，你会怎么选择？等待的时间同样被限定为 1 ~ 480 分钟。

结果，被试更多地选择了延迟满足，即他们选择等待更长的时间，从而拿到更多的钱。

3.3 实验结论：诱惑越大就越难抵抗

从实验中，心理学家得出了以下结论。

> 结论：对于个体而言，诱惑越大就越难抵抗。

3.4 自控策略：在巨大的诱惑面前，要提高警惕

在实验过程中，当被试面对双重诱惑的时候，其延迟满足的能力变得更弱，坚持等待的时间更短。这说明诱惑越大，一个人成功抵抗诱惑的可能性就越小。

其实，从上一节的实验中，我们也可以得到类似的实验结论：当面对

更大诱惑时，个体的抵抗力相对更弱。从这里可以看出，诱惑越大，人们在进行抵抗的时候所需的意志力就越强。

因此，当预料到自己即将面对巨大的诱惑时，我们要先让自己处于一种良好的状态——无论是意志力的状态，还是自己面对诱惑的满足状态。

这就像是打一场仗一样，只不过战斗的双方变成了我们的意志力和我们所面对的诱惑。意志力的“敌人”实力越强大，我们的意志力就越应该提高警惕做好准备，以最好的状态进行战斗。这样，我们取得成功的概率才会更大。

那么，我们怎样做才能抵制巨大的诱惑呢？

（1）具备良好的心态

收获和付出是对等的，世界上没有免费的午餐，我们收获多少，就将付出多少。少了投机取巧之心，我们可以在面对诱惑时变得更理智，从而更成功地控制自己。

很多被巨大诱惑所迷惑的人，就是因为只看到了眼前的巨大利益，却没有想到为了获得这种利益自己所需付出的东西，从而被诱惑击倒。在这个过程中，他们贪小便宜的心理也起到了推波助澜的作用。

可见，良好的心态对保持理智、抵抗诱惑是非常重要的。因此，想要成功抵抗将要面临的巨大诱惑，我们应该先调整好自己的心态。

（2）全面了解信息

比如，这种诱惑带来的结果是好是坏？我们将要付出什么？这会给我们带来哪些影响？全面地收集信息会帮助我们理智全面地考虑整个问题，从而在面临诱惑时更好地控制自己。

收集信息的目的在于让自己做出理智的判断，因此在做这一点时需要个体保持相对客观、理智的看法，而不要让自己的情绪、主观偏见影响自己的判断。

除此之外，收集信息最主要的目的是让自己对事情的结果做出更全面的判断，然后通过从事情结果到选择的逆向思维，来帮助自己抵抗诱惑。

比如，一个有钱人把一叠钱放在一个穷人面前，假如这个穷人知道这个有钱人是一个吝啬、心肠极坏的人，那么这个穷人就很容易想到这个有钱人并不是突发善心想要救济他，而是有可能让他去做些见不得人的事，并且到最后自己有可能拿不到钱，还会因为这件事受到制裁。想到这一点，穷人拒绝这笔钱的诱惑就会相对容易。

（3）做好之前所说的两个准备

我们要让自己的意志力资源处于良好的状态，让自己处于一种满足状态。

4. 是什么影响你的坚持

心理观察

交往实验

4.1 为什么有些人能坚持更久

自我控制能力常常体现在对某项原则或某个计划的坚持上。比如，谈恋爱或结婚后坚持对另一半忠诚；在完成工作任务的过程中，坚持执行某个工作计划；在生活中，坚持执行某个饮食计划等。

很多人都有过坚持的行为，但却不一定每次都会成功。导致人们最终失败的原因，有时候是坚持太久，意志力消耗殆尽；而有时候则是人们中途没能抵制住诱惑。

比如，一个朋友曾经给自己制订了晨起跑步计划。一开始，他执行得非常好，她每天早起出去跑步，顺便在外面吃早饭。但是两周过后，这个计划破灭了。她总结原因时说：“觉得每天一大早让自己克服困意起床，实在是件困难的事情，很难坚持下去。”

可见，在坚持遵守某项原则或执行某个计划时，人们往往需要极强的意志力来控制自己。因为，在坚持的过程中人们经常要面对各种诱惑和困难。

但是，有些人却比其他人更能坚持，在学习和工作上也更有自控力。是什么原因造成了这种差别？是否可以通过一些方法来改善自己执行计划和坚持的能力？下面我们来看一项实验，实验中的一些信息会对我们有所启示。

4.2 心理实验：你能抵抗美女的诱惑吗

在研究自我控制的时候，心理学家提出了一个概念——执行控制能力。执行控制能力是一种宏观调控能力，它指的是人们在执行某个计划时对自身行为的控制能力。

心理学家认为，执行控制能力强的人善于在执行计划或将想法付诸实践时，抵制住诱惑，排除万难，坚持到最后。

心理学家普龙克（Pronk）在研究不同执行控制能力的个体对恋情的忠诚度的时候，研究了具有不同执行控制能力的个体与抗拒诱惑的关系。他的实验对上面的这个观点做出了证明。

实验一

实验者招来若干名处于稳定恋爱关系中的男性，让他们参与执行一个工作记忆更新的任务。工作记忆更新任务是指工作记忆系统监控输入的信息，并用与当前任务联系较大的新信息来替换与当前任务联系不大的旧信息，以修改工作记忆的内容。而工作记忆是指个体正在加工、使用的记忆信息。比如，当我在编写这个实验时，脑海中出现的关于这个实验的信息，就是工作记忆信息；当我在和朋友聊天时，脑海中出现的关于聊天的内容信息，就是当时的工作记忆信息。实验者使用这个记忆更新的任务是想要测试被试的执行控制能力。

当这个任务进行一大半后，实验者又告诉被试，因为要准备进行下一个实验，所以需要他们到外面的一个房间里等待几分钟。而当被试走进等待的房间时，他们发现有两位美女也在里面等待。这两位美女是实验者招来的假被试，美女们在实验者的安排下向被试恰到好处地表示友好。而被试在等待过程中与美女互动的过程，则被实验者全程录了下来。

等待过程结束后，实验者让被试对等待室里两位美女的吸引力进行评价。实验者和两位美女假被试分别观看录制的视频，并对参与者的搭讪调情程度进行评分，他们评分的结果则被当作被试抵抗诱惑的指标。

实验者对所有被试的评分进行了统计分析。结果，实验者发现，被试的执行控制能力越强，在搭讪调情行为上得到的评分就越低，即搭讪调情行为越少。

实验二

实验一并不能说明执行控制能力越高的人就越能坚持执行自己的计划，因为有可能是因为他们本身就对美女的诱惑不敏感，导致他们在面对诱惑时压力更小。事实究竟是怎样的，依然需要实验来验证。

在第二次实验中，被试有的单身有的不是单身，实验者先让被试执行一个斯特鲁普任务（见第 1 章第 6 节），以测量他们的执行控制能力。被试越是能够准确地说出单词的颜色，说明其执行控制能力越强。

然后，实验者让所有被试做一个交往游戏，让他们通过电脑来认识另一个人。这个人是一个非常有魅力的异性，当然也是实验者招来的假被试。在游戏中，被试可以看到对方的照片，并通过电脑与对方聊天。

交往游戏结束后，实验者让被试评价对方的吸引力，以及自己想在现实中认识对方的程度。

实验者通过对执行控制能力不同的被试的评价进行对比后发现，在单身男女中，具有不同执行能力的被试之间的评价没有明显的差异，他们都会被极具魅力的假被试吸引。但是，非单身被试则有区别。

4.3 实验结论：执行控制能力强的人对自己行为的监控能力更强

实验二中单身被试对假被试的评价没有区别，这说明执行控制能力强的个体同样会被诱惑，即并不是执行控制能力强的个体就对诱惑有免疫力，他们和其他人一样都会被诱惑所影响。但是实验一的结果说明，处于非单身状态的被试的执行控制能力越强，他们就越能抵抗美女的诱惑，控制自己的搭讪调情行为。这说明，与执行控制能力弱的个体相比，执行控制能力强的个体一旦建立起自己的原则之后，他们就更能控制自己的行为，坚持自己的原则。

从实验中，心理学家得出了以下结论。

> 结论：执行控制能力有利于人们在执行某个计划、坚持某种原则的时候，排除来自诱惑、困难的影响，加强自我控制，让他们坚持得更久。

4.4 自控策略：提高自己的执行控制能力

实验结果充分说明，执行控制能力与我们在执行计划或坚持遵守某项原则的时候能够坚持的时间密切相关。它能够帮助个体坚持遵守某项原则或执行某个计划，并在坚持的过程中克服困难和抵制诱惑。

这也解释了为什么有些人对计划和原则的坚持能力更强。其实，在做实验一之前，普龙克还做了一项实验，他以正处于稳定恋爱关系中的男女为被试，并调查他们的执行控制能力，让他们报告坚持对另一半的忠诚有多大难度。实验结果显示，执行控制能力越强的被试，其感受到的难度越小。

可见，无论是从主观体验，还是从个人的意志努力上来说，一个人的执行控制能力越强，其对原则和计划的坚持能力就越强。

因此，人们在平时就应该适当地加强对个人执行控制能力的训练，提升自己的执行控制能力水平。

控制能力是相通的，如果有两件事情在自控的难度上相同，那么只要能够坚持执行一件事情，这种意志力就可以帮助我们去坚持完成另一件事情。我们可以先从一些比较好执行的计划开始，锻炼自己的自控力。

5. 大家都选择的东西，你会放弃吗

心理观察

从众实验

5.1 跟着大家走，准没错吗

2010年，某地上百名市民因为听信了“养生专家”的偏方，生吃泥鳅治疗湿寒。结果，病情未见好，反而因为体内长出寄生虫而住进医院。

为什么人们明知道泥鳅、虾、蟹等浅水动物的体内含有线虫、吸虫类寄生虫，如果生吃，很可能感染寄生虫，但还会有那么多人听“养生专家”的意见而生吃呢？事实上，人们很容易受他人言行的左右。在他人言行的影响下，人们会抛弃自己的想法，做出与大家一致的行为，或是没有自己的主见和思想，意志力不够坚定，最后做出一些不理智的行为。

在众人的影响下，人们一般很难坚持自己的原则、做出理智的判断。因为，在他人的眼中，如果你不选择和他们保持一致的言行，那么你就是异类。于是，在“跟着大家走，准没错”的诱惑下，你也顺从了多数人的行为方式。这种现象在心理学上被称为“从众效应”。

从众效应又称“羊群效应”，它是指人们经常会受到多数人的影响，跟从大众的思想或行为。人们会追随大多数人所接受的观念和行为方式，而自己并不会思考事件的意义。心理学家的研究早就表明，在人们成为群体中的一员，接受群体的心理后，他们的感情、思想和行为会变得与他们独自一人时很不同。法国著名心理学家勒庞对此有过发人深省的论述，他认为：“从成为群体的一员开始，博学之士便和白痴一起失去了观察能力。”在群体中，人们变得易冲动、易变、急躁、易受暗示和轻信，自我控制水平极低。心理学家的实验表明，从众心理是大部分个体普遍具有的心理现象，只有很少的人能保持独立性、坚持自己的主见。

5.2 心理实验：从众实验

社会心理学家阿希曾做了一系列有关从众效应的研究，其实验结果令所有人都沮丧不已。

1951 年，阿希从大学中招来一批志愿者，参加一个关于视觉感知的心理实验。在实验的房间里，被试坐在 7 个人一排的第 6 个位置。已经坐在其他位置的 6 个人实际上是阿希的助手，是来当假被试的。实验中，被试按照座位顺序一个接一个地回答问题。按照这样的设计安排，当真被试每次回答问题时，前面已经有 5 个人做出了选项。

实验的形式也非常简单。实验者给被试呈现两张纸，一张纸上印着一条标准线段，另一张纸上印着三条长短不一的线段。被试只需要从这三条线段中选择一条与标准线段一样长的线段。问题的答案被设计得非常明显，只要是智商正常、在清醒状态下的人都不会选错。

可能你会认为这是非常简单的任务。的确，要是你一个人进行，很容易就能选出正确的线段，而且选择后基本不会再更改自己的选项。可如果是前面几个人选择完后，你再进行选择，状况就会完全不同。

假如你是那名真被试，当前面的 5 个人都选择了同一个正确答案的时候，你自然也会选择正确答案。但如果第一个人回答错误，第二人站起来盯着卡片看了很久后，最后还是选择了错误的答案，第三人也选择同意前两个人的答案是正确的，此时你会怎么想？还会坚持自己的选择吗？

你一定会感到非常惊讶，张大嘴巴，开始有点紧张，怀疑自己的视力，反问自己："这是怎么回事，是我眼睛有问题，还是他们眼睛有问题呢？"如果第四个人、第五个人也选择了与前三个人一样的答案，轮到你回答时，你会怎么选择？

现在摆在你面前的是一个关于什么是正确的两难问题：是相信同伴们的选择是正确的，还是相信自己眼睛看到的是正确的呢？

事实上，参加实验的很多被试都经历了这样的矛盾冲突。在没有干扰的情况下，被试单独回答时，正确率是 99%，而当前面几个人给出了一致性的错误答案时，只有 25% 的人坚持自己的观点——也就是正确的观点。绝大部分人（75% 的被试），在其他人给出了一致性的错误答案后，至少有一次会否认自己的答案，选择从众行为，也就是选择了实验助手给出的错误答案，甚至有 5% 的人，从头至尾都跟着大家一错到底。

为了进一步确定群体的人数与个人的从众行为的关系，阿希又进一步改进了实验，他将一名被试与多名实验者助手组成被试小组进行测验。当只有一个被试和一个助手一组时，无论助手选择什么答案，被试都会坚持自己的选择。当助手增加到两个人时，被试的错误率上升到了 13.6%。当有三个助手参加实验时，被试的错误率达到了 31.8%。继续增加助手的数量，被试的错误率没有发生明显的改变。

5.3 实验结论：凑热闹和随波逐流是人性的弱点

试想一下，这个实验设置的问题的答案如果没有那么明显的话，那么被试的错误率会上升到多少呢？就像去外面吃饭，我们也许并不知道饭菜的味道怎么样，只是因为前面排队的人很多，很多人就会固执地认为味道一定很不错。如果原本想去的地方吃饭的人寥寥无几，那么你很容易经受不了那边的诱惑，放弃自己原来的想法。而那句“坚持自己的选择”的自我控制格言，也不知在何时消失得无影无踪了。

从实验中，心理学家得出了以下结论。

> 结论一：一个人在一种真实的或臆想的群体压力环境下，通常会选择以多数人的行为准则为标准，进而在行为上表现出努力与之趋向一致的现象。
>
> 结论二：凑热闹和随波逐流是人性的弱点。

5.4 自控策略：坚守理性，拒绝盲从

人们在做很多事情的时候，总喜欢跟随大众。“从众效应”总是很神奇，只要成为群体的一员，无论自我控制能力多么强大的人，都会受到群体的影响，难以抵挡群体的诱惑。

曼德拉夫曾说：“盲目跟风和随大流有时对你的伤害是致命的，没有理性，没有方向。”我们需要理性对待盲从。当自己的意见与群体的意见不一致时，我们需要清醒冷静地对待，擦亮自己的眼睛，用更加客观和全面的视野去分析当下的环境。当大家蜂拥而上的时候，我们要停下脚步思量一下后果；当大家都头脑发热的时候，我们要停下来思考一下，然后再决定是否要跟着大家一起行动。

第3章

从哪里增强你的力量感

你的力量来自何处？怎样才能增强力量感？

1. 你的想法决定你的自制力

心理观察

意志力观点的影响

1.1 信念的力量有多大

我曾经看过这么一则故事，它讲的是古代一个官员告诉一个死囚，他将会通过割腕放血的方法被处死。

官员先将死囚绑在一张椅子上，让他的四肢都不能动弹，并用黑布将他的眼睛蒙了起来。接下来，官员用锋利的纸在他的手腕上用力划了一下，造成一种疼痛感，但没划破血管。然后，官员用一个水壶装上和体温相当的温水，在囚犯的手腕处倾倒，让水缓慢流出。在囚犯的手腕下放着一个水桶，温水流下来的时候会发出滴答的声响。

死囚一直以为流的是自己的血，最后这个死囚死了。检查结果显示，这个死囚是因极度恐惧而死亡的。

可见，一个人心中的想法将会造成非常大的影响，它几乎和事实一样可以给人带来毁灭性的打击。

那么，我们对个人意志力的认知是否会影响我们的自我控制能力呢？假如一个人认为自己的意志力有限，是不是会导致他在行为上显示出意志力薄弱的现象？假如，一个人认为自己的意志力强大，那么他是不是又会有不一样的行为表现？

对此，我们可以从一个心理学家所做的实验中找到答案。

1.2 心理实验：真正的差别在哪里

在对意志力进行研究的时候，心理学家研究的结果大多说明意志力是一种有限的资源，它在抵抗诱惑和坚持做某项工作的过程中会被消耗。

基于意志力的这种特点，斯坦福大学的心理学家瓦伦尼卡·乔布（Veronika Job）及其同事在最近所做的一项研究中提出了新的观点。他们认为，意志力的消耗与一个人的信念有关。

瓦伦尼卡·乔布是瑞士苏黎世大学的博士后，她和斯坦福大学心理学教授卡罗尔·德韦克（Carol Dweck）以及副教授格雷格·沃尔顿（Greg Walton）合写了一篇文章。乔布在文章中指出："如果你认为意志力在生理方面是有限的，那么在完成一项困难的工作时，你很有可能会感到疲劳，但是如果你认为意志力是不会轻易被消耗的，那么你就可以一直继续下去。"我们来看看他们是怎样得出这个结论的。

> 他们选择了一些斯坦福大学的学生作为被试，然后让这些被试去参加一个他们设计的实验。这个实验由四部分组成，实验者的目的在于测试和操控被试对意志力的理解。
>
> 实验中的前三个部分都是让被试完成一些实验者安排的任务，这些任务都需要被试利用意志力进行自我控制。其中有一个任务是解答一些令人感到疲惫的题目，还有一个任务则是完成注意力测试。
>
> 实验者发现，那些相信"意志力有限"的被试，在完成前一个任务之后，在第二个任务中取得的成绩都有所下降，而且明显低于那些认为意志力是无限的被试。也就是说，当被试认为意志力有限的时候，他们在第二个任务或第三个任务上的表现受到第一个任务的影响，他们的控制力会减弱；但是当被试认为意志力无限的时候，他们在第二个任务或第三个任务上则不会出现这种被第一个任务影响的现象。
>
> 实验者对这些被试还进行了追踪调查，他们发现当考试周快接近的时候，那些认为意志力是有限的被试比那些认为意志力是无限的被

试要多吃 24% 的垃圾食品，多浪费 35% 的时间。

1.3 实验结论：人的意志力跟自己的意念相关

在乔布的实验中，那些持有意志力资源无限论看法的被试在第二个任务中的表现没有受到第一个任务的影响，这说明被试在完成第二个任务时，意志力依然相对充足，自我控制能力较少受到意志力损耗的影响。但是那些持有意志力有限论看法的被试，则在第二个任务中出现了表现水平下降的现象，这说明他们的意志力出现了被损耗现象，并且这种损耗现象明显影响了被试对自己行为和注意力的控制。可见，被试对意志力的看法将会影响他们的自控力。

从试验中，心理学家得出了以下结论。

> 结论：个体的意志力与自己的意念相关。如果个体认为自己的意志力强大，那么他在自我控制上就会表现良好；相反，如果个体认为自己非常疲惫，大部分意志力被损耗，那么他在自我控制上的表现就会变差。

1.4 自控策略：相信你自己的意志力

一个人对意志力的看法和观点将会在很大程度上影响他在自我控制上的表现。也就是说，我们的信念将会改变我们的行为。

我们应该对自己的意志力保持一种乐观积极的态度，并相信自己的意志力是非常强大的，这样我们才会变得更加坚强。

很多人对自己的意志力一直不看好，认为自己的意志力很薄弱，害怕自己在一些需要意志力的事情上无法良好地进行自我控制。因此，有些时候（如忙完一天的工作之后），有些人会放纵自己。因为他们认为自己的意志力已经枯竭了，或者干脆破罐子破摔，不再进行自我控制。

事实上，人的潜能是巨大的，信念的力量也是巨大的。如果我们一直坚定地认为自己的意志力资源依然处于一种充沛的状态，那么我们对自己的控制力将会依然表现得很好。

我们的看法将会决定我们的意志力表现。很多时候，当我们认为自己是一个没有自控力的人而拒绝不了诱惑的时候，我们其实是在为放弃自我控制这种行为找借口。

也就是说，在自我控制过程中，我们的想法非常关键。因此，要想对自己进行良好的自我控制，我们需要先端正对自己的看法，让自己的观点更加积极。

2. 假如你不用再对自己负责

心理观察

疗养院实验

2.1 自己的生活，自己负责

很多人都认为控制自己的言行、情绪是一件费心费力的事情，甚至令人感到痛苦。因为这意味着他们需要克制自己的欲望，不能随心所欲地生活。

但是，由于受到法律法规、社会道德标准及在社会中的身份等的约束，我们必须在生活中进行自我控制。比如，因为道德标准的存在，我们不会去挣一些不义之财；因为个人理想的存在，我们会在困境中依然坚持前行。

这些自我控制行为归根结底都是为了让自己生活得更好，所以，控制自己的言行和情绪也是在为自己负责。很显然，这种源于对自己负责的自我控制行为让很多人都觉得不舒服。

有人做了一个假设。假如有一天，你不用再对自己负责，不用再管自己每天什么时候起床、每顿吃什么、每天要进行哪些活动……这些事情都会有人为你安排。也就是说，你生活的掌控权都在别人手里，你不用再进行自我控制。此时，你会怎样？你会感到快乐和幸福吗？

心理学家给出的答案是否定的，他们认为自我控制行为会给一个人带来更多幸福感。不信？那就让我们来看看以下实验，它会告诉人们答案。

2.2 心理实验：疗养院里老人的生活幸福感

1976 年，美国耶鲁大学的艾伦·兰格（Ellen Langer）和朱迪·罗丁（Judy Rodin）与康涅狄格州的一个名叫阿登屋（Arden House）的疗养院合作，进行了一个关于自我控制能力的实验。

阿登屋疗养院大楼一共有四层，规模很大而且设施极为现代化，被评为当地最好的疗养单位之一。而整个疗养院里的老人的基本状况也大体相同。

实验者在疗养院的四层中随机挑选了两层楼——分别是二楼和四楼——作为实验区。两个楼层的被试总人数是 91 人，年龄在 65 ~ 90 岁。其中，四楼有 47 人，二楼有 44 人。实验开始前，实验者先对所有被试进行了前测（相对于实验完成后的同一个量表的再次测量而言），让他们自己完成一份问卷，楼层护士（护士对实验不知情）也完成了一份问卷。这主要是为了评估控制力、在疗养院生活的快乐程度和活动水平，在快乐、机敏、依赖、社交、活力等方面的水平，以及他们的饮食和睡眠习惯。

前测结束后，实验者安排四楼的被试接受了“责任感提升”训练，而二楼的被试则作为对照组接受另外的实验安排。实验时，实验者与疗养院管理人员合作，由管理人员分别给两层楼里的被试开了一个会，告知疗养院的一些新信息，表示疗养院将会把老人的生活安排得尽可能舒适，并列举了老人将能够享受的几种服务。但是，管理人员告知两个实验区的信息存在重要差别。

管理人员告诉四楼的老人，他们可以决定自己房间的设施布置——可以维持现状，也可以让工作人员协助进行重新布置。管理人员还拿出了一些装满小植物的盒子，并告诉被试这是阿登屋疗养院准备的一些小礼物。被试可以自己决定是否想要植物，并选择一种自己喜欢的植物。而结果是，每位老人都为自己选择了一种植物。除此之外，管理人员还通知被试，下周四、周五的晚上将会各放映一场电影。假如被试想要观看的话，可以选择在两天之中的任一天去观看电影。总之，就是向四楼的被试传达一种观念：他们在疗养院里有照顾自己的责任，并有权决定怎样安排自己的时间。

管理人员在给二楼的被试开会的时候，传达的则是另一种观念。通过改动某些安排，管理人员让老人觉得自己不用为自己负责，所有事情都会被工作人员安排好。比如，管理人员说他们将会尽力将老人的房间安排得舒适，从各个方面帮助老人。管理人员直接给每位老人发放一棵植物，告诉老人这是阿登屋疗养院为之准备的礼物，护士会每天替老人们给植物浇水，照顾它们。最后，管理人员告诉老人，下周四、周五的晚上会放电影，稍后将会通知老人哪一天去观看。

三天之后，管理人员再次到每位老人的房间重复上述信息。实验者则在之后的三周里观察记录被试的实际行为表现，比如老人在第二周去观看电影的情况。除此之外，在实验期间，管理人员还告诉老人，院里将举行一场猜果冻豆比赛，老人们可以自由报名。实验者统计了报名参加猜果冻豆比赛的被试数量。

三周之后，实验者对所有被试进行后测，即让被试和护士再次填写之前填写的那份问卷。

结果发现，四楼的被试在三周后的测试中显示比对照组（二楼的被试）更快乐、更富有活力。实验者对比得分水平后发现，四楼有93%的被试都在向积极的方面发展，而二楼中却只有21%的被试在向积极方面发展。此外，四楼的被试变得更为积极，相对二楼的被试，四楼有更多的被试去观看了电影，也有更多的被试报名参加了猜果冻豆比赛。

2.3 实验结论：被迫放弃自我控制感会降低个体的积极性和幸福感

实验者通过巧妙的安排，让两个楼层的被试分别在自己是否需要对自己负责、自己是否有掌控权方面产生差异。而从两组被试在三周之内发生的改变状况来看，当被试觉得自己需要对自己负责、自己的生活需要自己来安排时，他们的幸福感会增加，他们在自我控制方面上也会变得更加积极。

从实验中，心理学家得出了以下结论。

> 结论一：被迫放弃自我控制感会降低个体的积极性和幸福感。
>
> 结论二：自我责任感有利于个体对自己实行积极的控制。

2.4 自控策略：提高你自己的责任感

我们从两个楼层的老人的不同表现可以看出，那些可以对自己的生活负责、监控个人生活的人会感觉更加幸福快乐，其行为也会变得更加积极。

这也告诉我们，对自己负责并不是一种烦恼，而是一种幸福的来源。此外，提高自己的责任感可以加强我们的自我控制力。这其实也是一种通过目的和结果来影响个体行为的方法。

比如，你准备参加一场非常重要的考试，考试结果影响着你以后的个人发展。因此，你需要克制自己想去放松的欲望，只能每天专心复习。而你的朋友经常来约你出去玩，这对于你来说是一种诱惑，是对你的自制力的一种考验。这时，你可以想想自己坚持复习的目的及玩乐可能带来的后果，然后明确自己的责任，以此来控制自己的行为。

这种方法的重点在于通过目标与假设的行为结果，来激发自己的责任感，从而控制自己。假如你是一个孩子的父亲或母亲，那么不妨采用这种方法适当地让孩子学会对自己负责，这样可以有效增强他们的自控力。

3. 签名带来的约束力

心理观察

签名实验

3.1 一张协议，一种承诺

在很多场合下，我们都需要亲笔签名，以此表达我们的立场。比如，在合同上签名、在婚约上签名。而一旦我们在某个协议上签下自己的名字，就代表我们同意上面的条款，并愿意遵从上面的条款行事。我们的签名就像是承诺，会在一定程度上影响我们的行为和观点。

出于这个原因，很多活动都会通过签名来达到一定的效果。比如，很多学校经常有一些倡导环保的活动。这些活动会准备一张很大的签名纸或者签名布，这张纸或者布上写着一些条款和承诺。例如，不用一次性餐具用餐，购物时使用环保的、可重复使用的编织袋等。然后，活动主持者会邀请大家在上面签名，从而达到一种宣传或者影响行为的效果。

可见，人们的亲笔签名确实能够带来一定的影响力。前段日子，朋友单位就举行了一场禁烟签名活动。据朋友反映，这场签名活动产生了一定的效果。

假如你看到这里还是不相信签名带来的影响力，那就来看看下面这个实验吧，它会证明给你看。

3.2 心理实验：哪种东西与你联系更紧密

加拿大阿尔伯塔大学的学者凯利·凯特（Keri Kettle）与杰拉尔德·霍伯（Gerald Haubl）在《消费者研究杂志》发表的一篇文章中曾提到签名效应，其大意为：签名能够触发、引导人们对自我的认知，能在一定情境中影响、控制人们的行为。

这个观点的提出源于他们的一项实验。实验中，实验者以大学生为被试，并将他们随机分成三组。实验开始后，实验者先让第一组被试用自己常用的方式签名，让第二组被试用正规的印刷体签名，而第三组则作为控制组，没有被要求签名。实验者的目的是：通过对比三组被试在实验中的行为反应，了解签名带来的影响力。

然后，实验者又将三组被试分成了 a、b 两部分，也就是 a 部分被试有三个小组，b 部分被试也有三个小组。接着，被试在实验者的安排下坐在一台计算机前，计算机上出现了一张表格，表格中显示着一些商品的属性。其中，a 部分被试的计算机里显示的是三款价格相同但品牌类型不同的相机；b 部分被试的计算机屏幕中显示的是三款价格相同但品牌类型不同的洗碗机。a 部分的被试被要求在三种相机中选出自己喜欢的那一款，而 b 部分被试则被要求选出自己喜欢的那一款洗碗机。

在两部分被试看到的表格中，商品的品牌、型号、价格等信息都被直接显示出来，而其他商品属性则需要被试在相应的空格内进行点击才会显示，被试可以自行选择自己想要查看的商品属性信息。

实验中，实验者记录了被试浏览信息的时间、点击浏览信息的数量，并在最后询问了被试自己与产品的联系程度。问题有："你常用这个产品吗？你了解这个产品吗？你喜欢这个产品吗？"

实验者最后发现，被试与相机之间的联系更为紧密。他们统计三组被试浏览信息的时间后发现，第一组被试（即用自己常用的方式进行签名的被试）中，a 部分比 b 部分浏览信息的时间更长，浏览的产品信息更多，即挑选相机的被试会比挑选洗碗机的被试花更长的时间去浏览更多的产品信息。但是，用印刷体进行签名的 a、b 两组被试在浏览的时间和信息量上却没有明显的区别。

除此之外，研究者还进行了另一项与大学生的生活更加接近的实验。实验的主要内容是让大学生去某家商店购买一双跑鞋。在去购买之前，实验者让一部分被试用自己常用的签名方式签名 5 次，而另一部分被试则用正规印刷体签名 5 次。而做整个实验之前，实验者先通过一定的测试，收集了这些被试对"自我与跑步之间联系程度"的评估。

最后，实验者得到了类似的结果，那些用自己常用的方式签名并认为自己与跑步联系紧密的被试在商店中闲逛的时间更长，试穿的跑鞋更多；而无论那些用印刷体进行签名的被试认为自己与跑步联系紧密与否，其在商店中闲逛的时间和试穿的跑鞋数量都没有差异。

3.3 实验结论：签名能够加深个体的自我体验

凯特博士对实验中出现的现象进行了解释。他认为，签名会激活个体的自我体验。实验中的被试在签名中加强了自我体验，不知不觉地将自己与自己认同的物品捆绑到一起，然后为它耗费时间、金钱等。

从实验中，研究人员得出了以下结论。

结论：那些具有个性的签名，能够加深个体对自己和与自己个性相关事项的体验，从而导致个体围绕这些事项花费更多的时间、精力。

3.4 自控策略：合理利用签名的影响力来加强自我控制

上述实验结果证明，亲笔签名确实存在一定的影响力。而从实验结论中，我们可以获得以下启示。

（1）合理利用签名的影响力来加强自我控制

从上述实验得知，签名确实可以影响个体的行为。因此，我们在对自己的行为进行控制时，可以合理地利用签名的影响力。比如，当我们制订一个计划时，可以将计划写在纸上，并在这张纸上写下一些与自我控制相关的条款，最后亲笔签下自己的大名。

但是，并不是所有的签名都能够影响我们的行为，从实验中我们可以得知：只有个性化的亲笔签名才能够起到一定的作用。所以，我们最好亲手在计划书上签下自己的名字。

不过，实验和生活毕竟有差异。实验中，被试对实验的真正目的并不知情，所以签名产生的影响力也是无意识的。但当我们通过上面的方法来进行自我控制时，这种无意识影响力可能就到了意识层面，从而导致个体出现心理反抗。因此，我们利用这种方法来进行自我控制时，可能会出现影响力降低的情况。

（2）加深对自我的认识和体验，有利于帮助我们控制自己的行为

我们从实验者对实验结果的解释中可以得知，签名之所以可以影响一个人的行为，是因为签名可以加深他的自我体验。由此，我们可以通过加深自我认识与体验，以及对与自己相关的一些事物的认识和体验，来加强自我控制。

如果我们能够加深自我认识和自我体验，那么会非常有利于我们对一些特性行为的坚持。我们完全可以利用这一点来控制自己的行为。

其实，这是一种心理暗示方法，人们每一次亲手签名、加深自我认识，都是在暗示自己是一个什么类型的人。而人们认为，每一种类型的人，都会有自己的行为特色。所以，一个人在加深对自己的认识时，他其实也在暗示自己应该怎么做。

因此，我们可以给自己一些“个性”，认为自己是怎样的一个人，然后再按照这一“个性”的标准来控制自己的行为。比如，告诉自己“我是守时的人”，来约束自己每天准时起床。

4. 寻找一种成功的思考方式

心理观察

握柄与健康思考实验

4.1 思维的差异会造成哪些区别

有时候，我们会发现，我们的思考方式和别人的思考方式有很大差异。对同一件事情，我们和他人往往会产生迥然不同的看法。

这种现象非常普遍。它们可能是因两人的世界观、价值观不同而造成的，也有可能是因两人从不同的角度进行思考而导致的。

在销售商品过程中，销售员以及售后服务人员总是会从顾客口中听到各种抱怨，比如商品质量不好、价格太高、使用不方便等。有的销售员认为这是顾客故意挑毛病，所以他们对顾客的这些意见会很不耐烦。但是有的销售员则认为，自己的商品就是为了满足顾客的需求，所以他们对顾客的意见非常在意，并希望能够从顾客身上找到商品的提升空间。

可见，思维方式会影响个体的态度与行为。那么思维方式是否还存在其他影响呢？它是否会影响我们的自控力水平？如果存在影响，那么这种影响是怎样的？我们来看一项实验，从实验中你可能会发现意想不到的结果。

4.2 心理实验：想到的是过程还是结果

在研究自我控制的时候，认知和思维也是一大重点。因为很多时候人们都无法控制自己的认知和思维，比如很多人都会产生一种歪曲的观点或在不知不觉中开小差。

而藤田博士和他的同事在研究思维和自我控制的时候发现，如果对某个人的“我们如何构建这个世界”的想法进行简单的操纵，就会对其自我控制能力有直接影响。于是他们提出了一个假设：个体分析和解释事件的方式会影响个体的自我控制能力，而抽象的、高层次的思考则可以增强自我控制能力。

为验证这个假设是否正确，藤田博士进行了一系列实验，而其中一项实验过程如下。

实验者告诉所有被试，他们将要参与两个独立的活动，第一个是关于人格的实验，第二个是学生调查。但事实上，两个实验是相关联的。

第一项实验是握力测验，被试需要将两个很难靠拢的手柄握住。实验者告诉被试，通过握力测验测量到的生理水平可以反映出一个人的性格，并要求被试尽可能握更长的时间。

握力测验结束后，实验者又安排被试完成一份问卷。这项问卷测试的真正目的是控制被试解释问题的水平。

首先，学生通过完成问卷测试会获得一项实验者安排的结果。一部分学生得到的测试结果是，他们习惯于通过高水平方式进行思考，思维较抽象，在思考事情的时候会更多地考虑全局。另一部分学生得到的测试结果则是，他们习惯通过低水平方式进行思考，思维较专注，在思考事情时会更多地将精神集中在事情的一点上。

其次，实验者让被试按照实验者要求的思考方式，来思考有关身体健康水平的问题。

其中，在测试结果中显示思考水平较高的被试被要求填写一个图表，图表上的问题会引导被试思考“为什么”要保持身体健康。也就是说，这些被试思考的是保持身体健康的目的。这组被试被称为“高水平解释条件组”。

在测试结果中显示思考水平较低的被试所拿到的图表，则更倾向于引导他们思考“怎么样才能保持身体健康”。他们思考的是保持身体健康的具体方法。这组被试被称为“低水平解释条件组”。

在此次学生调查实验完成后，实验者告诉被试，因为第一次握力测验中忘了贴电极，所以需要再进行一次握力测验测量他们的性格。在这次实验中，被试被告知：他们握手柄的时间越长其所得到的测量信息就越精确。随后，实验者给被试贴上假电极，开始进行握力测验，记录被试握住手柄的时间。

最后，实验者对比被试在两次握力测验中坚持的时间后发现，“高水平解释条件组”的被试在第二次握力测验中坚持的时间比第一次长了 11.1 秒；“低水平解释思考条件组”的被试在第二次测验中坚持的时间比第一次短了 4.9 秒。

4.3 实验结论：抽象的思维方式有利于个体加强自我控制能力

从实验中可以看到，被试思考的内容对他们握手柄时能够坚持的时间有着显著的影响。其中那些被鼓励以更抽象、全局的方式进行思考的被试，其在握力测验中展现出了更好的自我控制能力。

从实验中，研究人员得出了以下结论。

结论：抽象的思维方式、推理过程有利于帮助个体提高自我控制能力。

除了这个实验，藤田博士等人还开展了其他实验研究，最终都得到了相似的结论。

4.4 自控策略：改变你的思维方式，提高自控力水平

藤田博士的一系列实验研究结果均证明，抽象的思维方式与推理过程能够帮助人们提高自己的意志力。

这是因为，在高水平解释条件下，人们思考的方式是从较为抽象的全局来进行的。他们对行为目的的认识比较清楚，但是因为思考得不够具体，所以对其将遇到的困难就会有所忽略，而他们的心思也大多被行为目的所带来的积极情绪所牵引。在这种情况下，人们更容易在困难面前保持自信，不容易退缩，从而使自我控制的意志力在面对诱惑的时候显得更强大。

比如，当你要执行一个减肥计划的时候，你已经计划好了每一步如何操作，预想到了在执行计划时可能遇到的重重诱惑和困难，这会让你很容易产生这样一种心理：执行这个减肥计划太难了。这意味着你从一开始就失败了。

但是假如一开始，你并未多想，而只是认为减肥之后自己的身材将变得完美，那么你就极有可能为了拥有这样的身材不断地努力。

在思考问题的时候，你一定要选择合适的思维方式，用相对抽象的、不那么具体的思维方式、推理过程来思考一个问题，这将会给你的自制力带来积极的影响。

当然，并不是说对所有事情都要采取这样的思考方式，我们需要针对具体问题来选择合适的思维方式。

5. 和别人的关系如何，也会影响你的自控力

心理观察

操纵孤独实验

力量变弱，有时候只是因为身边存在一个可以依靠的人。

5.1 人际关系的维护需要我们的自控力

早上乘坐地铁时，你可能会因为别人踩了你一脚而跟人吵起来；上班的时候，你可能会因为工作任务的问题和上司发生争论；晚上和朋友一起去吃饭时，你可能会因为一点小矛盾而与他闹僵；回到家里，

你还有可能因为情绪不好而向家人发火。

这一切都会使你和身边的人关系恶化，让你被周围的人排斥。不过，这一切完全可以通过你的自我控制来避免。比如，通过控制自己的情绪和冲动言行来避免发生那些让人不快的事。

从这个角度来说，一个人的自控力将会在一定程度上影响他的人际关系。不过，反过来，人们也会问：一个人的人际关系的好坏会不会对他的自控力产生影响呢？让我们来看看心理学家是怎样通过实验来研究这个问题的。

5.2 心理实验：假如你的未来注定孤独

研究者认为，自我控制是人类与他人建立正常、良好的社会关系的重要能力。假如一个人无法对自己的言行、情绪或认知进行适当的控制，那么冲动的言行和情绪、歪曲的主观看法就会导致他被周围的人排斥，比如被同伴排斥、被迫离婚等。

心理学家亚伯拉罕·H. 马斯洛（Abraham H. Maslow）认为，归属感是人的一种基本需要。当某个人不被周围的人、群体或社会接纳时，这个人就会出现一种心理不协调的状态，继而出现自控力的损耗。

心理学家鲍梅斯特对自我控制进行了很多研究，其中一项实验证明了马斯洛的观点的正确性。

鲍梅斯特通过一些实验设计，设定了被试对自己未来人际关系的预期，他引导一些被试产生自己未来将会过得很孤单的看法；而另外一些被试则作为控制组，没有被引导形成这种看法。

他让这些被试参与一些需要自我控制的任务。比如，让这些被试完成一些非常困难的题目，让他们进行双耳分听任务。在双耳分听任务中，鲍梅斯特向被试的两个耳朵分别呈现不同的数字、字母、单词或句子等，并要求被试注意听传达到某一只耳朵的信息，这只耳朵被称为“追随耳”。被试听完后，要报告“追随耳”所听到的信息。

鲍梅斯特检测了两组被试在自控任务中的表现，他发现与控制组的被试相比，实验组的被试在自控任务中表现得较差——他们会吃更多的甜食，遇到困难时更容易放弃，在双耳分听任务中的成绩也较低。这说明：他们对自己的控制能力下降，甚至在实验之前他们便将意志力全部损耗了。

5.3 实验结论：社会排斥会造成自制力的损耗

从实验中，心理学家得出了以下结论。

> 结论：社会排斥会造成自控力的损耗。

心理学家对这种现象进行了分析，他们认为当被试认为自己“将来会过得很孤独，跟周围的人关系不和”时，就会在心理和行为上放纵自己，减少对自身的控制。因为在他们看来，既然自己会和别人合不来，那么自己就没必要为了获得良好的人际关系而进行自我控制。这时，他们在行为上就会有自控力下降的表现。

5.4 自控策略：建立良好的社会关系

从实验中可以看出，当一个人认为自己的人际关系很差，被周围的人排斥的时候，其在自我控制的表现上就会变差。而一个人对自己的人际关系的认识，来源于他的人际关系。一般情况下，这是一种相对应的关系，即个体的人际关系好，他对自己的人际关系的判断也会比较积极。但是，也不排除有些人会不根据客观事实来判定自己的人际关系状况。

如果你想要改善自己的自控情况，那么你可以先建立一个良好的人际关系网，获得良好的社会支持。

心理学家将个体与他的人际交往用两个同心圆来表示。同心圆的中心代表个体，而两个圆圈分出的三个区域分别代表不同的人际关系。第一个区域是小圆中的区域，它代表个体最亲密、最熟悉的人，如家人、最好的朋友等；第二个区域是两个圆圈之间的圆环面积，它代表与个体关系一般的人，如同事、普通朋友等；第三个区域是大圆圈以外的区域，它代表与个体接触很少的人，如街上碰到的陌生人。

要想建立良好的人际关系，你需要在以上三个区域中填上相应的人，不要让它一片空白。然后，你需要跟这些人建立良好的关系。如此，你可能就有了亲密的家人、知心的朋友和关系良好的同事。而你在这些人际关系的支持下，会变得更加积极。相应地，你在自我控制上的表现也会更出色。

人际交往本身就是一个需要自我控制的过程。在人际交往中，我们需要进行印象管理，并对自己的表现加以控制。基本上，良好的人际关系是建立在自我控制的基础上的，而与他人保持良好的人际关系则能够帮助我们锻炼自控力。

6. 为什么早起这么难

心理观察

睡眠和反事实思维的调查

6.1 天大地大，睡好最大

记得上大学住校时，每天早上刚起床后的一段时间里，宿舍里没有一个人说话——大家板着脸洗漱，每个人浑身都散发着“不要靠近我”的气息。

这是一种起床气的表现。在生活中，这种有起床气的人不在少数。他们在早上起来时，都会有一段时间心情恶劣，不愿意理睬任何人，还容易出现情绪行为失控的现象，比如在起床后冲人发火、跟人吵架等。

起床气最容易出现在睡眠质量不好的人身上。因此，有人说起床气是因为睡眠需求没有得到满足而导致情绪、行为失控的现象。心理学家进一步解释称，人们在睡眠不足的时候，其自我控制力会下降，即睡眠质量会对个体的自我控制能力产生影响。

我们都知道，睡眠是人体用于恢复体力的重要休息方式，要是睡眠质量不好，人们就会没有精力做其他事情。但是从起床气的表现来看，似乎睡眠还是恢复自制力的一种方式。因为睡眠质量好时，人们的自制力也很强。那么，这种猜测究竟对不对？睡眠究竟可不可以帮助人们恢复意志力呢？我们来看看心理学家是怎样找到答案的。

6.2 心理实验：睡眠不好会有什么样的影响

很多科学家都认为，恢复意志力的最好方法就是休息。睡眠是非常重要且使用普遍的一种休息方式。睡眠不仅可以帮助个体恢复体力，还可以帮助个体恢复意志力。比如，鲍梅斯特和他的同事们在1994年做的研究中发现，个体在睡眠之后执行自我控制任务要比在睡眠之前呈意志力耗竭状态时表现得更好。而1996年，帕罗特（Parrott）等人在研究戒烟的效果时也发现，那些具有充足睡眠的戒烟者，其成功戒烟的概率更高。

近来，一项关于起床气的研究表明，一个人的睡眠是否充足确实跟他的自我控制力有关。

这项研究对个体的睡眠和反事实思维进行了研究。反事实思维是指人们的一些不真实的可能性假想，通常这种假想中的结果比现实要好。一般情况下，我们可以将个体的反事实思维概括为一个固定的句式：“要是……就好了。”

反事实思维具有一定的心理调节功能。心理学家通过研究发现，具有反事实思维的人，可能会更积极、更善于分析。但是，反事实思维也会产生一定的消极影响，它会使个体忽略“自己的行为原本可以获得更好的结果”这一事实，让个体放松对个人行为的控制，继而陷入一种自我建设的心理平衡状态中。

这项研究由美国阿肯色大学小石城分校的心理学副教授大卫·马斯汀（David Mastin）和他的同事们合作进行。

实验的被试是108名大学生，平均年龄24岁，其中75%是女大学生。此项研究采用了问卷调查法，采用的量表包括《Epworth睡眠评分量表》《消极事件的反事实思维问卷》《替代性攻击问卷》等一系列自我报告问卷。研究者让所有被试完成这些量表，然后对数据进行统计分析。

马斯汀通过使用《Epworth睡眠评分量表》来测量被试在白天的嗜睡程度；通过使用《消极事件的反事实思维问卷》来测试被试面对消极事件时，出现的反事实思维的强烈程度；而《替代性攻击问卷》则被用来测量被试在愤怒或有攻击欲望时，其替代性攻击的强度。所谓替代性攻击，是指当人无法直接发泄自己的愤怒或满足攻击欲望时，通过找“替罪羊”来发泄与获得满足的现象。

最后，实验者分析统计结果之后发现，越是困倦的被试出现反事实思维的频率越高，并越会将已经发生的事情的结果想象得比现在好，而且会花更多的时间去考虑替代性攻击。

6.3 实验结论：睡眠不足更容易导致反事实思维的出现

从实验中，心理学家得出了以下结论。

结论：那些睡眠不足、在白天更加嗜睡的个体，更容易出现反事实思维，也会花更多的时间考虑替代性攻击。

6.4 自控策略：保证自己拥有良好的睡眠

马斯汀从实验中获得了实验结论，即睡眠不足更容易导致反事实思维和替代性攻击的出现。

如前文所述，反事实思维是个体追求心理平衡的一种自我调节方式，但因为它会使个体忽略“自己的行为原本可以获得更好的结果”，所以当这种调节程度过高时，个体就会陷入一种自我放纵的状态中。这就像是一个人总是为自己的失败找理由一样，虽然他可以暂时实现心理平衡，但是却容易纵容自己忽视失败的真正原因。

而在替代性攻击的心理过程中，人们会在脑海中反复地想已经发生的、让自己愤怒的事情。这会使人们的愤怒情绪被激化，导致攻击性增强。

综上所述，在睡眠不好的情况下，个体会变得消极：逃避事情失败的真正原因、情绪容易失控、攻击性增强。这些表现都与个体的自我控制能力有关，提高自控力可以避免这些负面情况的出现。

由此，我们可以获得启示：想要保证每天拥有良好的自控力，我们应该保证每天都有充足的睡眠。

怎样才能保证自己拥有良好的睡眠呢？

首先，你要安排好工作、娱乐和休息时间，并严格按照计划安排作息。

其次，你要在睡觉之前放下一切事情，让自己安心入睡。很多人睡不着，或者睡眠质量不好，都是因为他们睡前总在担心某些事情，无法安心入睡。所以，假如你想要拥有良好的睡眠质量，那你就需要尽量在睡觉前完成当天的任务，而临睡前你应该告诉自己：“别想了，明天的事情明天做，现在想也没有用。”

保证优质睡眠还有很多其他应该注意的地方，比如不要“带”着食物和情绪入睡，睡前不要喝具有提神作用的饮料等。

此外，工作劳累时，我们也可以通过短暂的休息来恢复自己的自控力，改善自己的工作状态。

7. 让事情变得有趣些

心理观察

兴趣与坚持实验

7.1 自我控制不是“本意”

很多人都曾思考过这样的问题：如何控制自己的言行？怎样才能让自己按照理智、适应社会的标准去说话和行动？这些愿望需要我们提高自己的自控力才能实现。

但如果单从内心的角度来讲，这些需要自我控制的行为大多是我们不愿意做的。比如，在坚持早起时，我们心里可能正在期望着能够多睡会儿；在坚持完成某个任务时，我们可能更希望能多休息一会儿。

那么，怎样才能让一个人从心里愿意并主动地去做一件事呢？

很简单，只要引起一个人的兴趣就行。当一个人对某件事情感兴趣时，他会不自主地投入精力。比如，当你认为一件商品很有趣的时候，你是不是会花更多的时间去关注它甚至不惜重金买下它？

既然自我控制不是“本意”，那我们是否可以考虑将兴趣引入自我控制中，以唤起个体主动自控的积极性呢？

7.2 心理实验：兴趣带来的变化

2011 年，尤利亚诺·拉朗（Juliano Laran）在《消费者研究杂志》上写道："如果人们能够改变对正在做的事情的想法，那么他们就不会很疲倦，也不会变得缺少能量。"

这个观点来自他和他的同事克里斯（Chris）所进行的一项实验。

这个实验分为两部分。在第一部分中，实验者让参加实验的被试进行一系列消费选择。在这些消费选择中，每一个选择题的各个选项都非常相似，所以对于被试来说，存在一定的选择难度。比如，实验者让被试在一些相似的公寓中果断地选出一间来租住。所有被试的可选项都是一样的，不过在第一部分实验开始之前，实验者对被试进行了不同的实验处理。

实验者告诉其中一部分被试："第一部分实验是一项有趣的研究，我们会在几个产品目录上加上一些假设的选项。"让这些被试认为第一部分实验是很有趣的，继而带着感兴趣的心理进行选择。而另一部分被试则作为控制组，实验者没有对他们说这番话。

然后，实验者让被试进行第二部分实验。第二部分实验的内容是让被试评价一些带有粗话的句子，比如评估一些令人讨厌的广告。实验者告诉被试，在第二部分实验中他们可以随时离开。而研究者的主要目的就是想要知道被试在面对这些乏味的任务时能够坚持多长时间，并以此测试他们的自控力，即越能够耐着性子看完广告的被试，其自控力越强。

实验者猜想，假如兴趣可以改善人们的疲惫感，减少人们的意志力消耗，那么，那些认为第一部分实验有趣的被试，在完成第二部分实验时就会有更多的意志力资源来控制自己，让自己忍耐枯燥无趣的任务。

而实验的结果正如拉朗所猜测的那样，那些认为"第一部分实验很有趣"的被试在第二部分实验中坚持的时间相对更长。也就是说，他们在第一个任务中消耗的意志力更少些。

7.3 实验结论：兴趣可以减少一个人意志力的消耗

从实验中，心理学家得出了以下结论。

> 结论：兴趣可以减少一个人意志力的消耗。

也就是说，当一个人对一件需要自我控制的事情本身很感兴趣时，他在做这件事情的过程中，意志力的消耗会大大减少。

7.4 自控策略：发现、创造事情的趣味性

拉朗的实验结论给了我们这样的启示：当我们在一件事情上需要控制自己的时候，我们应该尽量去发现这件事情的趣味性，甚至创造它的趣味性。这样会大大提高我们对这件事情的兴趣，强化我们在这件事情上的自控力。

从行为动力的原理来说，兴趣是一种行为的内部驱动力，它可以驱动人们的积极行为。而当一个人对自己的言行等进行自我控制时，这一部分来源于兴趣的驱动力会减少意志力的损耗。

其实，这种现象很好理解。比如在生活中，我们更愿意主动去做我们感兴趣的事情，而当从事我们不感兴趣的事情时，我们往往需要一定的自控力来强迫自己。可见，兴趣是一种非常有效的行为驱动力，它可以帮助个体轻松地进行自我控制。

我们要努力发现事情本身的趣味性。比如，在很多人看来，他们的工作都只是一项任务，对其没有多大的兴趣可言。人们在工作时总是需要克制自己，让自己集中精力不去想其他事情。但如果能换一种看法，将工作看成一种冒险、挑战，那么工作在人们眼里就会变得有趣很多。

除此之外，我们还可以人为地创造一些做事的乐趣。比如，在执行减肥计划时，我们可以选择一种自己喜欢的运动方式——跳舞、瑜伽等，以此来增加减肥的趣味性。

8. 宗教信仰能提高自控力吗

心理观察

橙汁醋实验

8.1 还有哪些方法能够提高你的自控力

提高自我控制能力的方法有很多，如改变自我观念、提升对自己的责任感、加深对自我的认知等，这些都是比较常见的方法。

除此之外，还有其他方法来提高我们的自控力吗?

有人提出，宗教信仰也能够提高个体的自控力。从生活中的一些现象来看，这个观点有一定的道理。比如，一些教徒能够长期坚持不吃某些食物，或坚持遵守一些他们所认定的准则等。

有人认为这是一种信仰的力量，是个体的信仰让个体坚定不移。但是，这跟个体的自控力有什么关联呢?下面，我们来看心理学家是怎样研究宗教与自控力的关系的。

8.2 心理实验：句子里面隐藏的秘密

怎样才能提高个体的自控力?这是很多人一直潜心研究的问题。人们在研究过程中发现，一个人在某些方面进行自我控制是源于对某些东西的认可和坚持。比如，对尊老爱幼这一道德标准的认可，会使一个人在公交车上控制疲惫对自己的影响，站起来给老人、孩子让座。

而所谓认可和坚持的东西，其实就是人们的信仰，而最常见的一种信仰就是宗教。因此，研究者们对宗教和自我控制之间的关系进行了实验研究，以验证这两者是否存在关联。

加拿大皇后大学的凯文·郎丁（Kevin Rounding）等心理学学者曾经进行过一项实验，实验内容是研究宗教对自我控制的影响。

首先，实验者通过一些活动让一部分被试在无意识中产生宗教观念，他们让被试阅读一些句子。其中有一半的句子里包含着一个和宗教相关的关键词，而另一半的句子里全是中性词。比如，“甜点是神圣的”就是一个有和宗教相关的关键词的句子。实验者的目的在于启动一部分被试头脑中的一些与宗教相关的概念。而对另一部分被试，实验者要求其阅读的句子中不包含任何与宗教相关的词语。

其次，实验者将所有被试分成多组，分别让他们参与一些需要自我控制的实验任务。在其中一组被试参加的任务中，被试的面前会摆上 20 份由醋与橙汁混合而成的饮料，实验者要求被试喝下尽可能多的这种味道古怪的饮料。实验者告诉被试，他们想喝多少就喝多少，而且每喝一份就给他们五角钱。当然，这区区五角钱根本不能调动被试喝下这种难喝的饮料的积极性。实验者的目的是想知道他们控制自己忍受饮料的怪味的能力有多强，而判断标准就是被试所喝下饮料的量。

另外一组的实验任务是延迟满足实验。实验者让被试选择是在 3 天后获得 5 元钱的报酬，还是在 7 天后获得 6 元钱的报酬。

还有一组的实验任务是让被试坚持去完成一项几乎不可能完成的任务，比如解一些无解的几何题。

实验者对比了在完成多个任务时被试的表现，即阅读的句子中含有和宗教相关的词语的被试和阅读的句子中不含和宗教相关的词语的被试表现。实验者发现，前者在第一个任务中喝下了更多的橙汁醋饮料；在第二个任务中，被试能够选择延迟满足；在第三个任务中，被试能够坚持更长的时间。

8.3 实验结论：宗教信仰能够提高个体的自控力

从实验中，心理学家得出了以下结论。

> 结论：宗教信仰能够提高个体的自控力。

心理学家分析称，由于宗教中往往含有因果等观点，并号召人们从善。因此，宗教会促使人们认识到行为的因果，即让个体将行为与行为结果联系得更加紧密，从而在某种程度上激发人们对自己的行为的控制，提高个体的自控力。

8.4 自控策略：让自己看到行为与结果之间的联系

我们从实验中可以得知，宗教概念的强化确实可以让被试的自控力得到提高。那么，这是不是意味着想要提高自己的自控力，就要去加强自己的宗教观念，或者直接入教呢？

心理学家认为，宗教信仰之所以能够提高个体的自控力，是因为个体在宗教观念得到强化的同时，也将行为与结果之间的联系予以强化。这导致个体基于对结果的认识而去努力提高对自己行为的控制能力。

从这种观点来看，我们并不需要去加入某个教会来提高自我控制能力，只要加强自己对行为与结果之间的因果关系的认知就可以在一定程度上提高自己的自控力。不过，宗教对个体自控力是否还会产生其他影响，目前暂时还很难确定。

第 4 章

如何让自己不去想

你能掌控的思维和想法有几成？你的思维和想法受什么控制？

1. 你的思维不可能完全受你控制

心理观察

白熊实验

1.1 无法克制的想法

我们每天都在不断地思考，试图集中精力去完成一些事情。假如我们的思维不受自己的控制，那么我们将无法完成任何事情！

大家可能都有过这种体验，脑海里不受控制地出现某种想法，或某个形象。比如，在听别人讲话的时候，自己忽然想到其他的事情。又比如，在睡觉之前，明明想停止思考、赶紧入睡，但是大脑却不受控制地想着一些事情，结果怎么也睡不着。

可见，我们的思维并不会总是随着我们的意愿行事，很多时候它都会不受我们控制。这种现象会严重影响我们的工作和生活，让我们无法专注地做一件事。

那么，我们的思维在多大程度上是受控制的呢？这种无法控制思维的现象又会在什么时候出现？哪些想法的出现是在我们的控制范围之内？我们又应该如何控制自己的思维？对此，心理学家展开了一系列实验。

1.2 心理实验：你不可能阻止白熊的出现

有一个故事，讲的是哥哥跟弟弟打赌，哥哥赌弟弟不可能在 5 分钟内不想白熊。结果弟弟输了。这个故事反映了一种现象：我们的思维在很多时候都不受我们控制，它不会按照我们的意愿被集中在某些事情上，它会时不时地开小差。美国哈佛大学的心理学教授丹尼尔·韦格纳（Daniel Wegner）在这个故事的基础上，做了一个跟思维控制有关的实验。

实验一

韦格纳将参与实验的被试随机分成了两组。他让第一组被试先在头脑里默想白熊 5 分钟，然后，实验者让第一组被试不要再想白熊。

对于第二组的被试，实验者刚好采取了相反的措施——先让被试不要想白熊，5 分钟后，再要求被试在脑海里尽情地想白熊。

实验者要求两组被试在整个实验过程中，只要脑海中出现了白熊就拉铃。实验者会记录被试的拉铃次数。其中，被试需要克制自己不去想白熊的阶段称为“抑制期”，尽情想白熊的阶段称为“表现期”。

结果，实验者发现，两组被试在两个阶段中都拉铃了。但是，第一组被试比第二组被试更能成功地抑制对白熊的想法，拉铃的次数更少。

穆拉文等人进行了类似的实验，而且他们从实验中发现，思维控制也会消耗个体的意志力资源。

实验二

穆拉文将被试分成两组，他让第一组被试解答一些中等难度的数学题；让第二组被试写下自己参与实验时的想法，而且，第二组被试不仅要完成同等难度的任务，还要避免在脑海中想一只白熊。

第一阶段完成后，实验者让两组被试分别观看同一部喜剧电影，并要求其在观看时压抑自己的情绪反应，即不要在观看时表现出高兴等情绪。实验者对比两组被试的表现后发现第二组被试比第一组被试表现出更多高兴的情绪。

实验者认为，这是因为第二组被试在观看喜剧电影时，没有足够的意志力资源来控制自己的情绪反应。

1.3 实验结论：人们不能完全控制自己的思维

根据实验一的结果，心理学家得出了以下结论。

> 结论一：个体不可能完全控制自己的思维。
>
> 结论二：个体越是抑制一种想法，其脑海里就越容易出现这种想法。

根据实验二的结果，心理学家得出了以下结论。

> 结论三：个体控制自己的思维时，会损耗自己的意志力资源。

1.4 自控策略：怎样看待思维的控制

我们从上述结论中可以获得哪些启示呢？

（1）在意志力调控过程中，不要漏掉思维控制

上面的实验结论可能会改变一些人的看法。很多人在谈自制力时想到的是如何抵抗诱惑、坚持执行一个计划或控制自己的情绪。但是极少人会想到思维不完全受自己主观的控制，也不会想到思维控制会消耗自己的意志力。

在前文中，我们曾讲过，意志力是一种有限资源，而生活和工作中对意志力的需求又很多，因此，意志力的调控就显得非常重要，这其中包括意志力的分配、恢复等。

大多数人都知道，行为和情绪的控制是自我控制的范畴，因此，人们

在对意志力进行调控时，也会将行为和情绪考虑进去。但是，因为很少有人知道思维控制也是自我控制的一种，它也会消耗意志力，所以他们很少考虑思维控制的问题。

但思维控制在生活和工作中却很普遍。比如学习时，我们需要控制自己的思维集中在我们所学的知识上；工作时，我们需要控制自己的思维集中在面前的工作任务上。人们对类似这样的思维控制都习以为常。

这些都属于自我控制的范畴，它们都会消耗个体的意志力。因此，我们在进行意志力调控时，不要将思维控制给漏掉。当我们在考虑意志力的分配与恢复时，不要忘了，思维控制也会消耗意志力。

（2）思维不完全受控制：越是刻意地抑制某种想法，这种想法就越容易出现

我们从实验一中可以得知，当一个人努力提示自己不要去想某些事情、克制自己不去想某些事情的时候，大脑的思维就越容易脱离个体意愿的控制去想这件事。心理学家把这种现象称为“反弹效应”，或是“自我控制的逆效应”。

当我们发现自己的脑海里出现某种不可控的想法时，不用刻意地控制自己不去想。当这些杂念出现时，不如直接将自己的杂念写到某张纸上，写完后，再重新把自己的注意力集中到相应的事情上。

当你空闲下来时，你可以再去想这些事情。因为这些杂念很多时候都是你想要去做但是未完成的事。假如你一直将某件事延期，有可能会因为未完成这件事而产生一种驱动力，导致你不断地想起这件事。

（3）适当地进行思维控制训练

在关键时候，个体怎样思考将会对事情的结果产生非常大的影响。比如，在比赛时，选手的消极思维极有可能导致他在赛场上失利。因此，我们在平时应该适当训练自己的思维控制能力。

2. 不可控的信念和看法

心理观察

刻板印象内隐测验

2.1 你有哪些看法是偏见

上一节主要讲述了思维不受控制的现象：思想开小差。不过，思维不受个体控制的表现可不只这一点，还包括人们的某些固有看法，这些看法大多数都不够客观和正确。

> 生活中存在一种光环效应。所谓光环效应，是指人们在判断某个人或某件物品的好坏时，对其中的某种品质产生了非常好的印象，这种好印象像光环一样，向周围扩散，并掩盖了其他的特质。具体的表现就是，在判断人或物品的好坏时，产生一面好必定面面好的认知。这种现象在生活中很普遍。比如，人们会认为英俊潇洒的人的演讲能力更强。
>
> 但是，人们都明白一个道理，即判断某个人或某件物品是好是坏，不能只看一面。

可见，人们虽然知道某些看法是片面的，但是却无法在思维上控制自己，避免自己产生这些片面的看法。

人们的认知偏见有很多，比如刻板印象。有一些心理学家对刻板印象进行了调查研究，并对个体无法控制自己的刻板印象进行了实验验证。

2.2 心理实验：口是心非的测试者

认知偏见是指个体因为某些社会因素或个人的经验，而在认知中产生的一种主观偏见。认知偏见在生活中很普遍，它会导致人们无法客观思考，无法客观地看待事物。在社会心理学研究领域中，关于认知偏见的心理学研究非常多。

刻板印象是很常见的认知偏见之一，它也叫“定型化效应”，它指的是个体因社会影响而产生的对某些人或某些事的稳定看法。刻板印象可以体现在对某一个人的看法上，也可以体现在对某一个群体的看法上，如种族偏见。

华盛顿大学的格林沃尔德（Greenwald）教授和巴纳吉（Banaji）认为刻板印象是一种自动化加工过程，因此，当加工的特征与对应的群体特征一致时，个体反应就会变得更快。其中，自动化加工是指对刺激信息无需注意或只需要很少注意的认知加工过程。它与需要注意力和意识控制的控制加工不同，不需要人们有意识地进行控制。

格林沃尔德发明了一个电脑测验，格林沃尔德专门用它来测量人们对某个群体的潜在态度。在测验中，实验者要求测验者尽快地将所看到的词语或图片按要求分类。其中，用于测验的词语有两种类型，分别是积极词（如喜悦、美好）和消极词（如恶魔、痛苦）；测验的图片也有两种类型，分别代表两个群体（如男人的脸与女人的脸）。

测验分成两部分：内隐测验和问卷调查。

内隐测验开始后，屏幕上先出现一串指导语，主要被用来向参加测验的人说明测验的相关规则。

进行测验时，测验者将自己的食指或中指放在键盘上的“E”和“I”上，屏幕的中心会逐个出现不同类型的词语或图片，屏幕上方的左右两边会出现与词语或图片相对应的类别标签，测验者会分辨词语或图片的类型，并做出正确的按键反应。

比如，屏幕中心出现一张男人面孔的图片，屏幕左上方的标签是女人，右上方的标签是男人，测验者正确的反应应该是按I键（图片或词语属于左边类别按E键，属于右边类别按I键）。如果测验者的按键反应是正确的，电脑就将自动呈现下一个词语或图片；如果测验者的按键反应是错误的，那么电脑就将出现一个红色的“×”，而测验者则需要按下正确键进行修正，测验才会进入到下一关。

内隐测验分成七个阶段，每一阶段都会发生变化。第一阶段和第二阶段的测验比较简单，一部分呈现的全是词语，另一部分呈现的全是图片。进入第三阶段和第四阶段的测验时，屏幕中间图片和词语随机出现，屏幕左上方和右上方分别有两个标签，是对词语和图片的分类。比如，右上方的标签是：女人、好的；左上方是：男人、坏的。第五阶段和第一、第二阶段的测验内容相同，但左右两边的标签位置对调。第六、第七阶段则与第三、第四阶段测验的内容一样，但是左右两边的标签交叉对调。比如，第三阶段中屏幕左上方的标签是：男人、坏的，在第六阶段就会变成：女人、坏的。

在内隐测验完成后，测验进入问卷调查部分。测验者需要填写一些个人资料和回答一些问题。

研究者猜想，假如一个人对男人有不好的刻板印象，那么当“男人”和“坏的”要按同一个键时，这个人就会自动加工这个信息，按键反应就更快；但是当“男人”和“好的”是按同一个键时，测验者就会因为这不符合自己内心的想法而反应变慢。因为整个测验要求被试尽快做出按键反应，所以测验者的按键反应大多是无意识反应，它反映了个体对某个人群的内隐态度。

研究人员用这个测验调查了很多人对不同群体的看法，结果他们发现大多数测验者在调查问卷部分的回答都比较正面积极。但是在内隐测验中得出的结果却与问卷中得到的结果有所不同，有的甚至完全相反。

2.3 实验结论：刻板印象对个体的反应存在潜在的影响

从测试结果的统计结果中，研究者发现，很多人“口是心非”。很多人在问卷中的回答显示他很正直、无群体偏见，但是他们进行的内隐测验的结果却显示出很大的群体偏见。

从实验中，心理学家得出了以下结论。

> 结论：个体对某个群体的刻板印象，不完全受他自己的意识控制，有一部分存在于他的无意识中，并在无意识地对个体产生影响。

2.4 自控策略：小心你的无意识偏见

我们从上述实验可以得知，个体无法意识到自己内心深处的想法。个体的无意识与意识似乎是两个系统，无意识系统有自己的判断，这种判断与意识层面的看法有时候一致，有时候却不同。

我们从无意识的难以控制的特点可以知道，这种深藏在无意识中的态度更难控制，而对我们产生的影响也更难被意识到。

自我控制需要意志力的参与，属于意识层面。因此，我们想要控制意识深处的认知偏见，就变得比较困难。

但是这并不代表无意识的看法无法更改。从某种角度来说，个体的认知和思维受社会思想导向、个体所处人群所持的看法、个体的经验及心理活动等因素的影响，认知偏见也是在这种情况下产生的。

3. 无法更改的错误信念

心理观察

看法改变实验

3.1 为什么那么明显的错误也认识不到

在影视作品中，我们经常可以看到这样的场景：某个人对自己犯的非常明显的错误都无法意识到，甚至当错误被别人指出来时，这个人依然坚定地认为自己是正确的。这样的人让人觉得很愚蠢，但却并不是导演为了营造某种效果而凭空捏造的，这种人在现实生活中也相当多。

> 我曾在工作中遇到这样一个人。他向我抱怨他正同时完成两项工作任务，有点焦头烂额。两个任务的时间都很紧迫，所以他上午进行一项工作任务，下午进行另一项工作任务。但是，他却发现自己下午的工作效率会明显降低。
>
> 我告诉他，这种现象可能是因为在下午他受到了上午所进行的工作任务的影响，因此我建议他改变自己的工作方式，先完成其中一项任务。但是他很坚持，不愿意改变，并且向我罗列了好几个不更换工作方式的理由。

可见，有时候人们对自己的做法会非常固执己见，就算错误摆在眼前，他们依然会坚持自己的看法或做法，不愿意承认自己的错误。

这种非理性现象很普遍，而且它对我们的生活和工作产生了很大的影响。对此，心理学家专门进行了研究，从他们的研究中，我们可以获得相关启示。

3.2 心理实验：明知是错的，也不肯改变

在纠正信息的过程中，心理学家发现了一种现象：当新的信息显示个体原有的信念是错误的时，个体对自己原有的错误信念的信任反而会被进一步加深。这种现象导致个体坚持自己错误的信念，不予改变。

为找到这种现象出现的原因以及影响因素，很多心理学家对此进行了研究。

实验一

1970 年 5 月，美国俄亥俄州发生了一起国民警卫队士兵镇压大学生的事件。在这起事件中，有 4 名学生被杀，9 人受伤，在社会上产生了很大的影响。

事后，很多媒体和图书等都对该事件进行了大量描述。有些心理学家趁此进行了心理调查，调查的内容是学生们对该事件的看法。当时的调查结果是：6% 的自由派学生认为国民警卫队是受到了示威学生的挑衅才开枪的，而 45% 的保守派学生有这种想法。

25 年后，这些心理学家再次对这些学生进行了这项调查，而调查结果显示：62% 的自由派学生认为国民警卫队的士兵犯下了谋杀罪，而保守派学生中只有 37% 赞同该观点。

又过了 5 年，这些心理学家第 3 次对这些学生进行了这项调查。从调查结果中，心理学家发现，保守派学生依然更倾向于认为这个事件是学生抗议者的错，是他们先对警卫队士兵做出了出格行为；而自由派学生则依然倾向于认为士兵才是事件的罪魁祸首。

心理学家结合学生们对事件的了解程度发现，被调查对象对事件了解得越多，他们的观点就越牢固，对警卫队士兵或是对抗议学生的支持也越强烈。而对整个事件了解非常少的调查对象则会随着对信息的逐渐深入了解而出现观点改变的现象。

实验二

1997 年，杰弗里·芒罗（Geoffrey Munro）和彼得·迪托（Peter Ditto）进行了一项实验。

实验中，实验者伪造了两种科学研究成果，其中一种“科学研究”的结果表明：同性恋者有一种心理疾病；而另一种“科学研究”的结果则显示：同性恋是完全正常的自然行为。

首先，实验者先测试了被试对同性恋的态度，并按照测试结果将被试分为两组。第一组被试认为同性恋者有心理疾病，第二组被试则认为同性恋者完全正常。

其次，实验者将两种“科学研究”结果分别给两组被试阅读。把证明同性恋是完全正常的自然行为的“科学研究”给第一组被试；把证明同性恋是一种心理疾病的“科学研究”给第二组被试。

被试阅读完实验者给的“科学研究”后，实验者再次调查被试对同性恋的看法。结果，实验者发现两组被试依然坚持自己原来的看法，就算“科学证据”摆在眼前，他们也不认为自己坚持的看法是错误的。

其中，有些被试表示：“同性恋无法用科学解释。”实验者又询问他们在其他事情上的看法，如占星学，但他们依然表示更相信自己原来的观点。

3.3 实验结论：个体会保护自己原有观点的正确性

综合两个实验的结果，心理学家得出了以下结论。

> 结论一：当新信息使个体意识到他自己原有的观点是错误的时候，新信息会激起个体的保护机制，使个体更坚定地认为自己原有的观点是正确的。

结论二：一种态度形成时，个体对信息的了解程度会影响个体对该态度的坚持程度以及个体对新信息的接受程度。一般情况下，之前了解的信息越多，个体对原有观点就越坚持。

心理学家把实验中出现的这种现象称为“逆火效应”。这种现象通常发生在信息纠正中。逆火效应已经在多个心理学实验中被证实。

心理学家认为，逆火效应源于个体的自我保护机制。因为个体尊重自己、不愿意否定自己，所以当反对自己原有观点的信息出现时，个体的自我保护机制就会被激活，使个体越发坚定自己原有的观点，并以此维护自己的正确性。

3.4 自控策略：注意自我保护机制的影响

从上述实验可知，个体的自我保护机制使个体更坚定自己的信念，不愿改变，从而无法使个体做到理性地思考和行动。因此，要想控制自己的思维，让自己的思维变得更理性，使自己的观点更客观，我们需要打破这种自我保护机制。具体可以从以下两方面着手。

（1）调节好自己的心态，建立新的平衡

自我保护机制对维护我们的心理平衡非常重要，并经常无意识地影响我们的言行。这种影响虽然不一定都是消极的，但在信息纠错过程中，自我保护机制却是导致逆火效应出现的主要原因。

我们要注意自我保护机制对思维控制的影响，我们需要做的是，调节好自己的心态，认识到改正错误信念是一种成长，是个人发展过程中必不可少的环节。

自我保护机制的存在是为了使个体保持心理平衡，而信息纠错过程中之所以出现逆火效应，是因为个体想要维护自己的自尊。要想避免逆火效应的发生，我们要想办法减弱承认错误观念带来的挫折感，让自己从其他途径获得心理平衡。

改变自己的心态，就是从根本上改变心理平衡点。当一个人认识到改变旧有的错误观念是一种成长时，他就可以从纠错过程中得到成就体验，消除纠错带来的挫折感，继而避免或减轻自我保护机制给信息纠错过程带来的负面影响。

（2）全面了解信息，尽量客观地进行判断

我们从结论二中可以得知，个体在态度形成时对信息的了解，会影响他对自己原有态度的坚持。

因为我们缺乏预知能力，无法预料现在形成的看法在将来会产生什么样的影响和变化，而且，偏见的产生往往也是由于对信息不够了解，所以我们能做的就是，在形成某种观点时，尽可能站在客观的位置，全面地了解各种相关信息。比如，充分了解事件的正面信息和反面信息。

在占有信息的基础上尽量做出客观的判断，同时，调整好自己的心态，理性地对待出现的新信息，重新评估自己的看法。

4. 控制脑补，不要对事情胡乱猜测

心理观察

转盘实验和竞拍实验

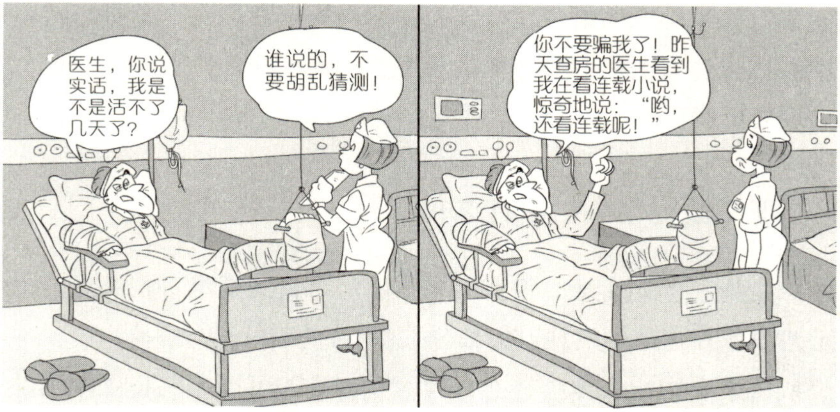

他没有说完的话是什么？这部电视剧的结局是什么？

你是否会对这些不完整的信息进行猜测？

4.1 你猜，事情应该是怎样的

假如给你看一部短片，片中一个身穿休闲装、头戴鸭舌帽的男人走到房间的门口，低着头打开房门，迅速走进房间。一个穿着连衣裙的长发女人也来到了房间门口，她左右看了看，然后迅速打开房门进入房间。一个小时之后，两个人先后走了出来，并匆忙离去。

看完这部短片，你是不是开始猜测："这两个人是什么关系？他们在房间里干了什么事？"

其实会进行猜测的人不只你一个，很多人都喜欢对这种不清楚的信息进行补充。在思维层面，这是一个想象的过程，而在生活中，人们习惯称其为"脑补"。

脑补现象非常普遍，它包括我们所能感知到的部分，也包括我们无法意识到的部分。比如，买一件衣服的时候，我们会对这件衣服的真实价格进行脑补，对自己穿上这件衣服后在人群中呈现的效果进行脑补。

脑补有时候可以帮助我们把未知的信息补充完整，但补充的信息却不一定正确。如果补充的信息是错误的，就会导致我们对事情进行错误的推测。哪些因素会影响我们脑补的内容呢？下面，我们来看两个实验，实验的结果会告诉我们答案。

4.2 心理实验：你会给出什么价

脑补是指一个人在脑内将他人未指明的事情或信息进行补充的思维过程。心理学家在生活中发现，大部分人都有过脑补行为。

哪些因素会影响个体脑补的内容？我们是否可以控制自己的脑补朝着某个方向发展呢？心理学家对此进行了研究。

实验一

1974 年，阿莫斯·特沃斯基（Amos Tversky）和丹尼尔·卡尼曼（Daniel Kahneman）进行了一项关于脑补效应的实验研究。

被试由实验者征集。实验时，实验者先把被试带到一个幸运轮盘前。这个轮盘的边缘依次刻着从“1”到“100”的数字。本来轮盘转动时，指针最终停留在每个数字上的概率是一样的，但实验者对这个轮盘进行了特殊的处理，使它每次最终转到的数字不是“10”就是“65”。

被试并不知道这个信息，他们在实验者的要求下转动这个被动过手脚的轮盘。轮盘停止转动后，实验者询问被试：联合国中非洲国家所占百分比是多少？它与他自己转到的数字相比，是高还是低？

实验者记录下每个被试估计的百分比，并按照他们转动轮盘所得的数字分成两组：数字“10”组和数字“65”组。比较两组被试估计的百分比后，实验者发现数字“10”组的被试估计的百分比的平均值为 25%；而数字“65”组的被试估计的百分比的平均值则为 45%。

实验二

2006年，德拉任·普雷莱克（Drazen Prelec）和丹·艾瑞里（Dan Ariely）在麻省理工学院做了一个拍卖实验。在实验中，他们要求被试对拍卖品进行竞价。

实验中，实验者随机向被试展示一瓶酒、一本教科书或一个无线鼠标，并向被试大肆吹捧。

然后，实验者要求被试写下他们社保号的最后两位数字作为拍卖品的价格。假如被试的社保号中最后两位数字是 11，实验者就将酒的价格定为 11 美元；如果社保号中最后的数字是 88 的话，那无线鼠标的价格就可能定为 88 美元。

接着，被试根据自己给拍卖品设定的这个价格，开始竞拍。实验者记录下每个被试对拍卖品付出的最高价格。

实验者对数据进行分析后发现，对同一个拍卖品，社保号最后两位数字较高的被试愿意付出更高的价格。比如，对于被拍卖的无线鼠标，社保号最后两位数字是 80 ~ 99 的被试，平均愿意付出 26 美元；而社保号最后两位数字是 00 ~ 19 的被试，平均只愿意付出 9 美元左右。可见，被试所回忆的社保尾号对他们脑补的信息内容产生了很大影响。

4.3 实验结论：个体脑补的内容会受之前接收的相关信息的影响

从实验中，心理学家得出了以下结论。

> 结论：个体的大脑在补充某些不完整的信息、对某些事情进行估计时，其之前听到的一些数值或信息，会对个体最终估计的数值或情况产生极大的影响。

上述实验揭示了一种认知偏见："沉锚效应"。"沉锚效应"是指个体在对事情、数值等进行估计时，将某些特定数值作为起始值来制约估测值的现象。

4.4 自控策略：谨慎做决定，不要掉进信息陷阱

个体在做判断、决定时，都是基于某种信息。而脑补是个体对不完整信息的一种补充，它在生活和工作中非常普遍。因此，脑补的信息内容将对我们的判断和估计产生非常大的影响，从而影响我们的生活和工作。

就像我们在前文中所提到的案例。我们买衣服时，看到衣服的标价等信息，就会无意识地想象这件衣服经过哪些工序，每一道工序需要花费多少钱，然后我们会对这件衣服的价格进行估计。估计的价格与衣服的标价相差越小，我们就越有可能买下这件衣服。可见，脑补的内容对我们的生活和工作影响很大，它极有可能导致我们做出非理性的决定。

有时候，人们可以意识到脑补过程，但是有时候人们却无法意识到。在前一种情况下，只要我们适当注意，就可以比较轻松地控制脑补信息对判断和决策的影响；但在后一种情况下，这种控制就变得比较困难，因为你根本就不会意识到自己的脑补过程。

不过，脑补的信息对判断和决策的影响不一定是消极的。有些时候，它对判断和决策是非常必要的。关键是我们需要避免脑补时产生的认知偏见，比如在实验中出现的"沉锚效应"。

这就告诉我们，当做决定或判断时，如果信息不完整、不明确，那么一定要警惕自己接收到的信息，我们要谨慎地基于这些信息进行"合理"的脑补。比如，不要因为衣服的标价高并且是在高档的商场被售卖的，就认为衣服消耗了很多的加工费。

总之，要想不在判断过程中被沉锚效应影响，我们就必须仔细甄别所得信息的可信度。

5. 积极的思维方式帮你掌控幸运

心理观察

数照片实验

5.1 为什么你会比别人更倒霉

大部分人都希望自己是一个幸运的人，并能够时常拥有好运气。比如，春节拜年时，人们会祝福自己的亲朋好友万事如意、心想事成等。从某种角度来说，这些祝福语大部分都含有新年交好运的意思，因为如果一个人运气不好，他就很难万事如意。

又比如，很多喜欢买彩票的人在买彩票的过程中，都希望自己能够拥有非常好的运气，能够一买就中。

可见，人们都希望好运能够伴随自己。但是，运气是一种神秘莫测的东西，它没有实体，无法被捕捉，我们也无法用科学解释它，因此，虽然人们都想要拥有好运气，但却没有改善运气的可靠方法。所以，人们只能把这种心愿寄托在某些神秘的东西上，如幸运符、转运珠等，希望它们能够给自己带来好运。

对此，有心理学家提出了新的观点：运气并不如人们所想的那样，它没有那么神秘莫测、无法捕捉。心理学家认为，一个人幸运与否与他的思维方式有很大关联。不信？那我们就跟着心理学家一起来看看这个观点是否正确。

5.2 心理实验：要花多久，你才会找到答案

积极心理学之父马丁·塞利格曼（Martin E.P. Seligman）曾提出一个观点：一个人对挫折和危机的应对方式与结果在很大程度上由他的思维习惯决定。如果一个人的思维方式比较积极乐观，那么他在面对挫折时，就倾向于采取设定目标、做好计划、积极投入的解决方式；而如果他的思维方式很消极，那么他在解决挫折和危机时，就会倾向于采取后退、思量、放弃的方式。

理查德·怀斯曼（Richard Wiseman）是英国著名的心理学家。怀斯曼对大家都认为神秘莫测的“运气”做过很多实验和研究。

在一项实验中，怀斯曼征集了400多名被试。这些被试对自己的运气所持有的观点并不相同，一部分被试认为自己很幸运，另一部分被试则认为自己很倒霉。

实验时，实验者给所有的被试一张报纸，让他们数里面有多少张照片。所有被试拿到的报纸的内容都相同，不过报纸是经过实验者的设计处理的。实验者在这张报纸的反面（即第二版）用很大的字体印刷了这么一条信息：“不必再数了，一共有43张照片。”这条信息向被试透露了这张报纸上一共有多少张照片。

实验者记录下两组被试完成数照片任务的时间，并进行对比后发现：自认倒霉的被试平均花了两分钟，而自认好运的被试只用了几秒钟。也就是说，自认好运的被试很快就发现了报纸第二版上的信息，而自认倒霉的被试则没有看到。

这个实验完成后，实验者重新招募了新的被试，进行新一轮的实验。新一轮的实验与上一版实验基本相似，只不过实验者在报纸第二版还加了另一条信息：别数了，告诉实验者你看到了这条信息，并赢取250英镑。

结果，实验者发现，自认好运的被试很快就发现了报纸第二版上

的信息，而自认倒霉的被试仍旧没有看到。

5.3 实验结论：自认幸运的人，思维更加积极

从实验中，心理学家得出了以下结论。

> 结论：自认幸运的人更擅长留意到机会和创造机会，他们对未来有更积极的期待，并在挫折中寻找积极的可能性。

5.4 自控策略：想要更幸运，先让自己的思维方式变得积极

我们从上面的实验可以发现，自认幸运与自认倒霉的人在思维方式和行为方式上存在很大区别。

一般来说，自认幸运的人的思维和信念都比较积极，而自认倒霉的人的思维和信念则比较消极。思维方式不一样，导致这两种人的行为反应也不一样，继而导致他们在生活中的挫折危机中发现机会、抓住机会的概率也不一样。也就是说，积极的思维方式与行为方式，使自认幸运的人比自认倒霉的人更幸运。这样的现实状况又会进一步加深两者对自身运气所持有的看法，形成一种循环。

由此，我们可以获得启示：要想幸运降临到自己身上，就要先使自己的思维方式变得更积极。只有这样，我们才能发现并及时抓住生活中的机会。

思维会决定个体采取什么样的行为，而运气与我们的行为方式直接相关，因此，我们在改善思维方式的过程中，可以同时改善自己的行为方式。塞利格曼认为，积极的人更倾向于采取设定目标、做好计划、积极投入的解决方式。由此，我们在使自己的行为更积极时，可以先使自己的行为具

有目标性、计划性，然后再积极执行计划。

要想改变自己的思维方式，我们需要先改变自己的心态，只有心态变得积极，思维才会变得积极。这是一个长期的改变过程，而最终要达到的目的是，习惯性地从积极的方面去思考一件事情。

6. 怎样做，才能让自己的思维更积极

心理观察

仿造生活环境实验

6.1 你为什么而抑郁

积极的思维能够使人更幸运，会让事情往更好的方向发展。那么，我们怎样做才能让自己的思维变得积极呢？

很多人在遇到事情时，都会不由自主地想到它的消极面。如果遇到的事情比较严峻，那他们产生的消极想法就会更多。比如，很多人找工作时都会不由自主地担心自己找不到合适的职位；有的人还会担心自己参加工作后，无法和同事、上司好好相处。

很多时候，这些消极的想法会在一定程度上引起我们对事情的重视，帮助我们把事情做得更好，比如为找工作做更多的准备。但是，它们也会对我们产生很大的负面影响，比如让我们的心情变得压抑，行为变得消极，从而出现“破罐子破摔”的现象。

怎样才能控制自己的思维，不让自己过于消极呢？对此，心理学家进

行了相关研究。

6.2 心理实验：换个环境，你会发生什么样的改变

抑郁症是一种常见的心境障碍。患有抑郁症的人以心情低落、行为消极为主要心理病症。抑郁症发病的原因很多，有些心理学家认为一个人患抑郁症是因为其对这个世界的认知出现了偏差，因为患有抑郁症的人看不到希望，所以他们丧失了行动力和积极性。

近些年来，抑郁症的发病率越来越高。因此，有心理学家提出了新的观点，生活节奏加快，经济高速发展，导致人们的生活压力变大，继而导致个体陷入一种消极的思维模式中。对此，心理学家专门进行了一项实验。

> 这个实验由哈佛大学的心理学教授——艾伦·朗格（Allen Lange）设计并进行。因为老年抑郁症的发病率非常高，所以艾伦教授选取了一些七八十岁的老人作为被试。
>
> 实验时，艾伦教授先对被试进行了一些相关的测试，目的是获得被试的心理状态的相关信息。然后，实验者让被试生活在一个仿造的环境中（仿造的是他们 20 年前的生活环境），并要求被试装作回到 20 年前的生活。
>
> 实验期间，艾伦教授对被试的心理状态进行测量，并记录了被试的生活状态。艾伦教授对测量数据进行分析后发现，被试在一个星期后出现了返老还童的迹象：他们的智力水平、记忆力水平都有所提升，感知方面上的视力、听力也得到了改善，而且被试甚至在一起玩起了橄榄球，这代表他们的行为积极性变强。

6.3 实验结论：生活状态影响个体的精神状态

从实验中，心理学家得出了以下结论。

> 结论：个体的生活环境、文化等，会影响个体的心理状态。

除了上述实验结论，心理学家还从实验中得出了另一些观点。他们认为脱离原来的、不良的生活状态有利于一个人认清自己所受到的文化束缚、思维模式限制，从而帮助个体做出相关的改变。

这些改变有时候是积极的，比如实验中的被试在脱离了原来的、令他们感到消极的生活状态，进入一个慢节奏的生活状态后，他们的各方面都发生了积极的改变。因此，心理学家认为，这种改变是积极还是消极和个体接下来的生活状态、思维模式等有关。

6.4 自控策略：跳出你的思维框架，发现你的思维模式

从上述实验中，我们可以获得以下启示。

（1）通过生活环境控制自己的思维模式

从实验者得出的实验结论中我们可以推测，一个人的思维模式与他所处的生活环境、社会文化息息相关。其实，我们在前文中曾提到，一个人的思维受社会导向、文化的影响，而且这种影响力很大，有时候甚至是决定性的。

现在有很多人都认为，结婚应该先有房。很多人在考虑结婚时，都会不由自主地考虑对方是否有房，或是否有足够的钱买下一套房。而男性在考虑结婚时，也会考虑买房问题。其中，不乏有人存在这样的看法：没有房子，就不结婚。

可见，社会的主流思想会影响个体的思维和看法，即一个人所处的生活环境以及文化导向会对他的思维方式产生很大的影响。如果想控制自己的思维方式，使它保持某种状态，那么我们可以找一个合适的生活环境，如加入某个文化团体。

（2）跳出原有的思维框架，发现思维模式中的不足之处

常见的不合理思维模式主要有两种，一种是认知偏见和认知偏差，另一种是不合理信念。

认知偏见和认知偏差都属于认知过程中产生的不合理思维。这两者很相像，但若仔细分辨，它们还是存在细微的差异的。认知偏见是指主观的、没有现实依据的看法，而认知偏差则是指在认知过程中，个体由于接收到的信息不全面等原因，导致认知判断出现偏差，其中认知偏见可以导致个体产生认知偏差。

认知偏见有很多种，比如我们在前文中提到的光环效应、刻板印象和锚定效应，除此之外常见的还有归因偏差、自我正面偏见以及可得性偏见等。认知偏见很普遍，它让人们无法理性地思考。

不合理信念是指个人的一些主观的、不合理的看法。在定义上，不合理信念和认知偏见很相似，但认知偏见具有普遍性，几乎所有的人都存在这样的思维倾向，而不合理信念则存在很大的个体差异，它与个体的生活经验密切相关。比如，有人持有这么一种看法：永远不会有人喜欢我。这种看法就是不合理信念。不合理的信念和个人以前的认知经验存在很大的关联，它非常容易使人的思维和行为陷入某种怪圈。

要想控制自己的思维，我们需要对自己现有的思维模式有一定的认识，发现不合理的地方。但是，很多人非常欠缺对不合理思维偏见和信念的认知，并且经常意识不到自己的思维受其影响，继而陷入一种怪圈之中。

那么，怎么检验自己的思维呢？首先可以将自己的某些固有的看法写在纸上，然后在下面写下形成这种看法的原因，以及这种看法导致的行为和行为的结果，最后要写下从行为结果中获得的感受和看法。这样我们就可以直观地看到自己的思维与行为是怎样一种循环。

如果这种循环是非理性的，那么我们需要改变自己的思维。首先我们要接着前面所写的内容，在每一个不合理的看法后面，写上一个相对理性客观的看法，然后推测自己在这种客观、理性的看法下的行为及行为结果，以及我们从行为结果中得到的看法和感受，最后我们要将客观、理性的看法融入生活，达到对自己的思维进行理性控制的目的。

7. 什么都不想，你做得到吗

心理观察

思维控制实验

7.1 哪种方法能够更好地控制自己的思维

控制自己的思维也并不是那么容易的。比如，当我们控制自己不要去想某件事时，反而越容易想起这件事。对于这种情况，我们在前文中提到过一种方法，那就是在纸上记下产生的杂念，先完成重要的，再去完成杂念中涉及的事。

但是，这种方法并不是在任何场合都适用的。比如，你即将要参加一场非常重要的比赛，面对实力强劲的对手，你有点紧张和不自信，你害怕自己在比赛中落败。这些消极的念头让你很焦虑，你想让自己保持积极的心态应战，但却总控制不住消极念头的滋生。在这种情况下，我们无法通过前文所说的方法来控制自己的思维。

那这时我们应该通过什么方法来控制自己的思维呢？下面来看一项实验，实验结果会给我们一些启示。

7.2 心理实验：哪种思维控制最困难

2012 年，有一些心理学家对思维控制与意志力资源的损耗进行了相关研究。研究结果显示，不同形式的思维控制所消耗的意志力的资源不一样。

实验者在某体育大学招募了 38 名足球专业的大学生作为被试。被试都是男性，平均年龄为 21 岁。实验者掩盖了真实的实验目的，在实验之前告诉被试：这个实验是为了测量他们集中注意力的能力。

实验分两个阶段，第一个阶段中，实验者将被试随机分成四组，并给他们不同的思维控制任务。

对于第一组被试，实验者要求他们在 5 分钟内将自己脑海中出现的任何事情写在一张白纸上。但是，在这 5 分钟内，他们不能想自己的教练员，如果想了，就在白纸上画个“√”，并及时调整自己的思维，让自己不要再想教练员。第一组被称为“教练员抑制组”。

对于第二组被试，实验者要求他们在 5 分钟内什么都不要想。如果他们想了任何其他的事情，那就在白纸上画个“√”，并及时调整不要想任何事情。这一组被称为“什么都不想组”。

对于第三组被试，实验者要求他们在 5 分钟内，写下自己脑海中出现的任何事物，但是他们不能想白熊。如果想了白熊，就在白纸上画个“√”。第三组被称为“白熊抑制组”。

第四组是控制组，实验者要求这组被试在 5 分钟内，写下自己脑海中出现的任何事物。

思维控制任务结束后，实验者让被试填写了一系列问卷，并让被试评估思维控制任务的难度、自己的努力程度以及完成实验时的心境。从这些问卷中，实验者发现：不同组的被试对思维控制任务的难度有不同的评价。实验者认为，这证明不同的思维控制任务使被试的意志力资源产生了不同程度的耗损。

接着，实验进入第二阶段。在第二阶段中，被试会从电脑屏幕上看到一些逐个呈现的阿拉伯数字，数字在 0 至 9 之间。被试的任务是，当看到电脑屏幕中央呈现的数字“6”后面紧接着出现数字“4”

时，就用右手的食指按键盘上的“1”键。其中，每个数字出现的时间是150ms（ms：毫秒，1 000毫秒等于1秒），每两个数字之间间隔800ms。

电脑自动记录下被试在进行这个任务时的漏报数、虚报数及反应时间。实验者对这些数据进行分析后发现，不同组的被试的漏报数和反应时间没有明显差异，但他们的虚报数存在明显差异。其中，虚报数最高的一组是什么都不想组，其次是教练员抑制组，接着就是白熊抑制组，最后才是控制组。

7.3 实验结论：不同的思维控制任务对意志力的消耗程度不一样

实验者认为，假如不同的思维控制任务对意志力的消耗程度不一样，那被试在完成不同的思维控制任务后，在完成第二个自我控制任务中的表现就会不一样。因此，实验者根据实验结果得出了以下结论。

结论一：不同的思维控制任务所消耗的意志力资源不一样。

结论二：什么都不想比控制自己不要想某件事或某个事物消耗的意志力资源更多。

结论三：控制自己不要想某件事时，事情和自己的相关程度会影响意志力的消耗量。一般来说，与自己的相关程度越高，所消耗的意志力资源越多。

7.4 自控策略：学会转移注意力

在不同的思维控制过程中意志力的消耗量也不一样。不同的思维控制，其难度不一样。我们从实验结论可知，首先是控制自己什么都不要想最困难，其次是控制自己不要想密切相关的事情。

当我们不由自主地陷入某种思维，但是又想要控制自己脱离这种思维时，我们要及时转移注意力，想一些别的事情。

第 5 章

战胜坏情绪

你是否会受到某些情绪的困扰？你是怎样摆脱这些困扰的？

怎样做，你才能控制情绪，成为情绪的主人？

1. 谁能摆脱情绪的困扰

心理观察

情绪控制实验

1.1 我们都是性情中人

一谈到自我控制，很多人都会想到情绪控制。因为情绪给人的体验很强烈，情绪对行为、决策等的影响也很大，并与人的生活和工作息息相关。

当人们感到烦躁的时候，会不想工作；当人们觉得愤怒时，就极有可能与他人发生冲突；当人们处于兴奋状态时，其所作的决策就有可能不够谨慎。这样的例子非常多，这恰好说明了情绪对人们的生活和工作有很大影响。很多时候，激动的情绪会产生负面影响，很多人都想方设法控制和管理自己的情绪。

> 因为情绪失控而导致的不良后果在足球和篮球比赛场合中经常出现。比如众所周知的法国著名足球运动员齐达内，他因为非凡的足球技艺成为足球场上的大师。但是在2006年世界杯决赛上，齐达内由于对方后卫马特拉齐的侮辱言辞而情绪失控，愤怒地用头撞向马特拉齐的胸部，结果被红牌罚下，也因此与大力神杯擦肩而过。

由此可见，控制好自己的情绪非常重要。心理学家认为，情绪控制是自我控制的主要内容之一，它和其他自我控制行为一样，会消耗个体的意志力资源。

1.2 心理实验：你是否能够控制自己的情绪

情绪调控是自我控制的主要内容之一，在心理学家对自我控制的研究中，有关情绪调控的内容也不少。很多实验都证明了情绪的调节与控制会消耗个体的意志力资源。

实验一

心理学家鲍梅斯特和他的同事进行了一项与情绪控制相关的实验。实验者选取了一些大学生作为被试，并将其随机分成两组：情绪抑制组和无情绪调节组。

实验分成两个阶段。在第一个实验阶段中，实验者给两组被试观看一段 10 分钟的电影片段。

在观看之前，实验者告诉被试，在观看过程中，被试的表情会被录像机记录下来。除此之外，实验者要求情绪抑制组在观看电影片段时，尽量压抑自己的情绪，不要出现任何情绪反应；但实验者没有对无情绪调节组的被试提出这个要求，实验者告诉他们，在观看电影片段时，他们可以自然流露出自己的情绪反应，不需要对其进行掩饰、压抑或否定。

接着，实验者又让两组被试中一半的被试观看喜剧电影的片段；让两组被试中剩下的另一半观看悲剧电影的片段。实验者的目的在于，通过不同的影片引发被试产生不同的情绪体验，即积极的情绪体验或消极悲伤的情绪体验。

在被试看完电影片段后，实验进入第二阶段。在第二阶段的实验中，被试被要求完成一项组词任务。在这个过程中，被试需要做的是：将实验者凌乱排列的字母重新组合成正确的英语单词。被试被要求在 6 分钟内完成这个任务，而他们在这个时间内正确组合的单词数量则作为他们在这项任务中取得的成绩。

最后，实验者比较两组被试在第二阶段的实验任务中的成绩。实验者发现，无论是观看喜剧电影的被试还是观看悲剧电影的被试，情绪抑制组的成绩都显著低于无情绪调节组。

实验二

心理学家穆拉文等人也进行过类似的实验研究。实验开始后，实验者先让被试完成一项握手柄任务。在这个任务中，被试需要将两个很难靠拢的手柄握住，因此它通常被研究者用来测量个体的自控力。

在这个实验中，实验者要求被试在握住手柄后，尽可能地坚持更长的时间。实验者的目的是测量出被试在做情绪控制任务之前的自控力水平。

握手柄任务完成之后，实验者将被试随机分成三组，并让他们观看一段 3 分钟的短片。短片所描述的内容是环境灾难给野生动物带来的厄运。

在观看影片前，实验者对三组被试提出了不同的要求。实验者要求第一组被试在观看短片时，控制自己的情绪，尽可能地减少情绪反应，不要让自己的情绪受短片情节的影响。因此，第一组被称为“情绪抑制组”。

实验者要求第二组被试在观看短片时，尽量感受短片中的情绪，让自己沉浸其中，并尽量夸大自己的情绪表现。第二组被称为“情绪反应夸大组”。

第三组是控制组，实验者除了让这组被试观看短片之外，没有多余的要求。

在被试观看完短片后，实验者再一次让所有的被试完成握手柄任务，同样要求他们在握手柄时，尽量坚持下去。在被试完成这个任务之后，实验者让被试填写一份报告，报告的内容是：坚持握手柄任务的难度和需要付出的努力程度。

对比三组被试的报告后，实验者发现，与控制组的被试相比，情绪抑制组和情绪夸大组的被试觉得自己需要付出努力的程度更大；情绪抑制组的报告和情绪夸大组的报告则无明显差异。

对比三组被试在两次握手柄任务中坚持的时间，实验者发现，情绪抑制组和情绪夸大组的被试在第二次握手柄任务中坚持的时间，均比第一次坚持的时间短；控制组的被试前后两次坚持的时间没有明显差异。

1.3 实验结论：情绪调控会使意志力资源消耗

从实验中，心理学家得出了以下结论。

结论一：情绪调控是一个自我控制的过程，需要意志力的参与。调控情绪会消耗个体的意志力资源。

结论二：除了抑制情绪会消耗意志力资源外，夸大情绪反应也会消耗意志力资源。

1.4 自控策略：重视情绪调控

我们从上述实验可知，情绪调控是自我控制的一种。由此，我们可以获得一些相关启示。

意志力薄弱时，请提高警惕，不要情绪失控。

我们每天需要消耗意志力资源的情况非常多，因此很容易出现意志力耗竭的情况。意志力一旦耗竭，我们的自控力就会下降，自控行为的效果就会变差。

情绪调控是自我控制的一种，当意志力耗竭时，个体的情绪调控能力也会变弱。例如，周五时，挤地铁的上班族之间更容易发生冲突。这种现象的出现，有一部分是因为连续几个工作日使人们的意志力资源被大量消耗，从而导致情绪控制能力下降。

因此，为了不让情绪对我们的生活和工作产生负面影响，我们要关注自己的意志力状态，当意志力处于薄弱状态时，就应该提高警惕。必要时，可以预先调整自己的状态。

2. 坏情绪来自哪里

心理观察

苹果和巧克力实验

2.1 那一股无名的怒火

我们在前文中多次提过，一个人经过长时间的自我控制后，很容易出现情绪失控的情况。

> 经过一天的紧张工作后，人们更容易和别人发生冲突。当人们工作繁忙或工作不顺利时，更容易出现这种情况。因此，有时候人们不愿意去打扰一个正处于繁忙工作中的人，有一部分原因是人们不敢在这个时候去招惹对方，害怕一不小心惹来对方的怒火。

对此，很多心理学家都提出了自己的观点。其中，有一种观点我们在前文中已经提到过，即这种现象的出现，是因为个体的意志力被消耗完，继而自控力下降所导致的。

除此之外，心理学家还提出了另一种观点。他们认为，自我控制过程本身会让个体产生负面情绪，因此个体容易在自控任务完成后出现情绪失控现象。比如，对于节食者而言，拒绝美食的诱惑，会让他们觉得不高兴。

对此，心理学家专门做了实验进行验证。接下来，让我们来看一项实验。

2.2 心理实验：苹果与巧克力之间的选择

对于自我控制过后的情绪失控现象，心理学家提出了新观点，他们认为个体的自我控制行为会让个体产生一些负面情绪。

为了验证这个观点的正确性，心理学家设计了一个实验。实验中，实验者先给被试呈现一些苹果和美味诱人的巧克力，并要求被试选择其一。然后，实验者给被试提供两部影片，让他们选择一部观看。实验者提供的影片是《愤怒管理》和《阿呆闯学堂》。《愤怒管理》的主题与愤怒相关，《阿呆闯学堂》的主题则与愤怒无关。

实验者设想，与苹果相比，被试会更愿意选择美味的巧克力；但是因为巧克力热量高，或出于表现心理，有些被试会克制自己选择巧克力的行为，而选择苹果。因为选择苹果违背了被试的愿望，所以导致被试产生了负面情绪，继而在选择电影时，被试就会选择那些与自己的负面情绪更贴近的电影。

实验者统计被试的选择后发现，在苹果与巧克力之中，只有少数被试选择了苹果，大部分被试都选择了巧克力；而在那些选择苹果的被试中，选择观看《愤怒管理》的比例更高。

2.3 实验结论：自我控制行为会让个体产生负面情绪

从实验中，心理学家得出了以下结论。

> 结论：个体的自我控制行为会让个体产生负面情绪。

心理学家对实验进行分析之后认为，自我控制过程其实是一个对自己想要做的事情或愿望进行阻挠的过程。当个体的愿望被阻止时，就会产生负面情绪。这个道理跟孩子拿不到自己想吃的糖果非常类似，只不过在个体自我控制过程中，阻止个体愿望实现的是个体的意志力。

个体一般难以意识到这种负面情绪的产生，但是却不知不觉地受到它的影响。

2.4 自控策略：小心自我控制后出现的坏情绪

上述实验证明，自我控制行为会导致个体产生负面情绪。

自我控制行为的一个典型特征就是会消耗个体的意志力资源，使个体的自控力变弱。我们综合这两点可以得知，在大量的自我控制行为后，一个人很容易情绪失控。

这一点提示我们，当完成大量的自我控制任务后，要注意及时调节心情，控制负面情绪。

对负面情绪的控制，不仅需要意志力，很多时候还需要从认知等方面进行调节。因此，就算意志力处于耗竭状态，我们依然可以成功地调控情绪。情绪调控的方法有很多，其中最为常见的就是注意力转移法和逆向思维法。前一种方法很好理解，后一种方法是指通过预测事情的结果以及自己想要达到的结果来控制自己的情绪。

3. 太兴奋也容易失控

心理观察

虚拟捕鱼实验

3.1 哪些情绪会削弱、瓦解你的自控力

情绪对行为的影响很大，它会削弱我们的自控力，瓦解我们对行为、情绪等的控制能力。生活中的很多例子都告诉我们，消极情绪非常容易导致行为失控。

> 我曾在网上看过这么一则新闻：同住一个宿舍的工人因为争吵而情绪失控，最终，争吵的一方拿起桌子上的水果刀捅入了对方的肚子。
>
> 捅人的是王某，因为打电话的时候贾某正在看电视，而电视的音量有点大，所以王某要求贾某将音量调小。贾某一开始只是开玩笑地闹着非不调小音量，但是最后两人却为这个事吵了起来。王某非常愤怒，结果失去理智，用桌子上的水果刀捅伤了贾某。

可见，情绪确实会让人的行为控制力变弱，出现行为失控的现象。不过，哪些情绪会对个体的自我控制产生负面影响呢？

大多数人认为，负面情绪容易对个体产生负面影响，比如愤怒、焦虑等。不过，心理学家提出，积极情绪和负面情绪一样，也会对个体的自我控制产生负面影响。我们下面来看一个实验，看看积极情绪是否会对自我控制产生负面影响。

3.2 心理实验：怎样才能捕到更多的鱼

情绪和行为是心理活动的外在表现，它们一直是心理学家研究的重点。自 20 世纪 90 年代起，与情绪和自我控制相关的研究逐渐兴起，而这些研究主要集中在消极情绪上。

很多相关研究表明，消极情绪对自我控制存在一定的负面影响，它会使个体的自我控制能力下降。但新一轮的研究表明，积极情绪也会对个体的自我控制能力产生类似的负面影响。

> 在一项实验中，实验者选择了 51 名自愿参加实验的高一、高二学

生作为实验的被试。实验者将他们带进实验室后，告诉他们，实验的目的是调查“青少年群体的情绪情况”。

在实验过程中，实验者先将被试随机分成三组：积极情绪组、消极情绪组和中性情绪组。然后让三组被试分别观看能够唤起不同情绪的短片，以唤起三组被试产生不同的情绪。

其中，积极情绪组的被试观看的短片是小品《小崔说事》的剪辑片段，时长为5分9秒。消极情绪组的被试观看的是电影《妈妈再爱我一次》的剪辑片段，时长为5分29秒，包括20秒的基本剧情介绍，5分9秒的母子相聚然后再分离的情节。而中性情绪组的被试观看的是介绍健康运动的科普短片，时长为5分15秒。

在实验开始之前，实验者对这三个短片都进行了检验，证明了这三个短片确实能够引发观众产生相应的情绪，即《小崔说事》的剪辑片段能够引起观众的积极情绪，《妈妈再爱我一次》的短片能够引起观众的消极情绪，而介绍健康运动的科普短片则基本上无法引起个体产生特殊的情绪。

看完短片后，实验者要求三组被试在电脑上完成一个延迟满足任务。在这个任务中，被试被要求在电脑的一个虚拟的捕鱼情境中扮演捕鱼者，捕捉湖里的鱼。

首先，被试会看到一张测试说明，被试可以从这张说明中获得以下信息。

第一，在这个虚拟的捕鱼情景中，湖里的鱼的数量就像真实场景中一样，会随着时间的延长得到补充，而湖能够容下的鱼的数量也有限制。

第二，每隔一段时间，系统就会提示被试进行捕鱼。被试可以从“大量捕鱼”“少量捕鱼”或者“不进行捕鱼”三个选项中自行选择是否捕鱼以及捕鱼的数量。但被试在除了系统提示的捕鱼时机外，无法进行捕鱼。

第三，当湖里的鱼的数量达到一定的充足程度时，才会繁殖得多，被试才有更多的鱼可以捕。

第四，被试的主要任务就是从鱼池中获得最大利益，即尽可能捕到数量多、质量好的鱼。

第五，已有证据表明，被试在这项任务中体现出的能力，可以很好地预测他们的学习能力。实验者将在任务结束后，根据被试在任务中获得的金币数给予被试一定的现金奖励。

在这个任务中，实验者给三组被试设置了不同的背景音乐。因此，在虚拟捕鱼任务进行期间，三组被试会听到不同的音乐，分别是欢快的音乐、悲伤的音乐和没有歌词的中性音乐。实验者这么做的目的是维持被试的情绪体验。

在任务进行的过程中，每当系统提醒被试进行捕鱼时，都会同时呈现湖里鱼的数量，以及被试已经捕到的鱼的数量。在整个任务中，系统一共设置了 20 次捕鱼时机，在被试完成 20 次捕鱼之后，系统会自动停止。假如在这个过程中被试将湖里的鱼捕捉光了，那么任务也会自动结束。

实验者设置这个任务的目的，主要是测量被试的延迟满足能力。假如被试能够在完成任务的早期阶段捕捉少量的鱼或不捕鱼，等到湖中的鱼繁殖补充到最大容量时再进行捕捉，则证明他的延迟满足能力很强，且他在任务结束时捕捉到的鱼会相对较多。反之，则证明被试的延迟满足能力比较弱，而他捕捉到的鱼会相对较少。

实验者将实验所得的数据进行分析后发现，积极情绪组和消极情绪组的被试在捕鱼任务中的最终得分都明显低于中性情绪组的被试的得分，而积极情绪组和消极情绪组的被试之间的得分则没有明显的差异。

3.3 实验结论：积极情绪和消极情绪都会影响自我控制

从实验中，心理学家得出了以下结论。

> 结论一：不同的情绪状态对个体的自我控制行为的影响不同。
>
> 结论二：个体的积极情绪和消极情绪都会降低个体的延迟满足能力，且两者没有明显的差异。

3.4 自控策略：积极情绪也需要你的调控

我们从上述实验可以得知，不仅是消极情绪对个体的自控力有负面影响，积极情绪对个体的自控力也存在负面影响，且这种影响力不亚于负面情绪的影响力。

大多数时候，人们对负面事件的关注较多。比如，飞机坠落事件会引起人们的密切关注，但是飞机在安全航行的时候却很少有人关心。

对情绪的关注也一样，人们对负面情绪的关注多于对积极情绪的关注，而且负面情绪带给人们的是不好的情绪体验。在这两个因素以及其他诸多因素的共同影响下，大多数人认为负面情绪容易对自己产生负面影响。但我们从上述实验可以知道，积极情绪同样会使个体的自控力变弱，继而言行失控。

> 一个朋友跟我讲过一件事，他说他的一位客户在他们那里买了一辆车，非常兴奋。而提车当天，因为时间太晚，所以服务人员没给车贴膜，约定过了圣诞节再给这位客户的车贴膜。
>
> 结果，圣诞节期间，这位客户打来电话询问服务人员：在贴膜和上牌之前，先给新车贴贴纸是否会有影响？原来，这位客户在网上买

的贴纸到了，结果一兴奋就立刻为他的爱车贴上了贴纸，直到贴完后才想起这可能会影响给车贴膜和上牌。

可见，积极情绪也会让个体产生冲动，使自己的行为失去控制。因此，情绪调控的内容不仅仅是消极情绪，还包括对积极情绪的调节与控制。

因为大部分人对负面情绪比较敏感，所以负面情绪的出现比较容易被人们注意到，继而引起人们的警惕，让人们及时、主动地去寻找调节的方法，进行情绪调控。

但是，人们对正面情绪产生的负面影响的警惕心就相对较弱。大部分人都是在情绪产生的后果出来之后才会意识到自己应该冷静点。因此，在情绪调控过程中，我们还应该提高对积极情绪的警惕。

尤其是当出现的积极情绪的程度比较高时，我们更应该提醒自己，不要兴奋过度。我们要及时调控自己的情绪，适当地恢复平静状态，从而避免它对自己的言行产生负面影响。

4. 不要让惊喜冲昏了你的头脑

心理观察

字母识别实验

惊喜固然可喜，但带来的不一定是好结果。

也许，你会因为惊喜过度而昏了头，做出一些不够明智的决定。

4.1 惊喜不一定是好事

时常看见有人用“生活处处充满惊喜”来形容生活的美好。不过，乐极生悲，有时候，惊喜所带来的结果不见得是好结果。

秦某是一名热衷福彩游戏的女性，她喜欢通过走势图和各种参考资料来选定号码，算得上是一名“技术型彩民”。有一期，她特别看好“××2”这三个数字，于是，一次性投入数千元，单选倍投加组选。结果，秦某买中了，她凭着大手笔的投注斩获将近80万元奖金。

秦某和她姐姐立刻到当地的福彩中心兑奖。结果工作人员发现，其中的两张单选倍投共400注的彩票并没有中奖，票面上的投注号码是“××5”，而当期中奖号码是“××2”。

两个人立马就慌了，不知道究竟错在哪里，最后在工作人员的提醒下才发现自己拿错了彩票，并在家中的当期投注的一小叠彩票中找到了那两张中奖彩票。

可见，意外的惊喜容易冲昏人们的头脑，让人们的言行失去控制。对此，心理学家展开了一系列研究。

4.2 心理实验：被惊到的被试

在关于情绪与自我控制的研究逐渐兴起之后，心理学家对各种情绪和自我控制之间的关系展开了研究。一开始，这些研究大部分都集中在消极情绪上，而近些年，关于积极情绪以及其他比较特殊的情绪的研究逐渐增多。

其中，很多关于情绪的研究都表明，激动的情绪比较容易让个体的自控力变弱、失控，无论这种情绪是消极情绪还是积极情绪。

“惊喜”是人们较为熟悉的一种激动情绪，它在生活中很受人们的欢迎，很多人都喜欢给别人带来惊喜，讨得别人的欢心。心理学家对这种情绪的影响进行了实验研究，并试图通过实验了解这种激动情绪会给人带来什么样的影响。

实验由美国范德堡大学心理系的研究团队进行。在这个实验中，他们招募了一些被试，并要求被试完成一项任务：从电脑屏幕上不断随机呈现的字母中识别出字母“X”，并做出相应的反应。电脑会自动记录被试识别字母的正确率。

实验者对这个任务进行了一定的设计，使被试在进行这个任务时，会不时地看到电脑屏幕上出现一张人脸。实验者想通过这些突然出现的人脸“惊吓”被试，然后从被试在“惊吓”前后的反应中获得相关信息。

被试在进行这个任务的同时，实验者利用功能性核磁共振成像记录被试脑区域的活动状况。

实验者将所得的数据进行了统计与分析。结果，实验者发现，在“人脸”第一次忽然出现后，被试的成绩明显下降，即识别字母的正确率下降。但是随着“人脸”忽然出现的次数增多，被试的成绩逐渐回升，似乎被试已经习惯了这张忽然出现的“人脸”。

实验者认为，突然出现的“人脸”会给正在执行任务的被试带来一种负担，干扰被试完成实验任务。

4.3 实验结论：惊奇感会分散个体的注意力

从实验中，心理学家得出了以下结论。

结论：惊奇感会分散个体的注意力，增加个体脑部协调系统的负担，对个体正在进行的事情产生消极影响。

在这个实验的基础上，心理学家对惊喜、惊奇与自我控制的关系进行了分析。他们认为，惊喜、惊奇的出现会给大脑的注意力协调系统增添负担，使个体对其他事情的注意力下降，从而导致那些需要个体注意力维持的行为的效率降低。而自我控制需要注意力来维持，因此，当个体的注意力被惊喜、惊奇消耗掉一部分时，个体自我控制的效果也会减弱。

4.4 自控策略：别在惊喜之下做决定

自我控制是一个需要保持注意力的过程。一开始，个体需要通过注意力发现需要进行控制的对象（比如个体的情绪），察觉其不足之处。然后，个体才能找到想要改变的方向，并进行相应的改变和控制。在这个改变和控制的过程中，个体需要利用注意力对现状进行一定的监控（比如当下的意志力状态、情绪状态等），并把监控信息反馈给大脑，然后才能对自我控制行为做出合适的调整。

可见，自我控制的整个过程都需要注意力的参与。因此，一旦维持自我控制过程的注意力减弱，自我控制的效果就会减弱。

思考和决策都是一个需要注意力参与的自我控制过程。在这个过程中，我们通常需要努力使自己的思考和决策保持理性。因此，当惊喜、惊奇等会分担个体注意力的情绪出现时，个体要想保持自己的思考和决策理性就变得有些困难。这就是人们在出现惊奇、惊喜等情绪时更容易做出冲动性决策的原因。但在生活中，这一点却被很多人所利用。

很多男性在追女朋友或求婚时，都会选择给对方来个浪漫的惊喜，因为这个时候，被追求的一方答应他们的请求的可能性更大。有的人会在对方的窗户下摆上蜡烛或玫瑰花，用吉他弹上一曲情歌；有的人会在大庭广众之下忽然单膝跪地，变魔术似的拿出一枚戒指和一束鲜花，向对方求婚。这些行为让被追求者既惊喜又感动，从而会使被追求者更容易答应他们的请求。

但对做决策的一方来说，应该提高警惕，而不要被激动的情绪冲昏了头脑。

最好的做法就是，避免在激动的情绪出现时做决定，而应该等激动的情绪平复之后再冷静地思考，这样，就可以减轻或避免激动情绪带来的负面影响。

5. 情绪控制不等于情绪压抑

心理观察

情绪与沟通实验

5.1 压抑坏情绪，就能办好事吗

生活中，很多人在其他人面前都会压抑自己的情绪表现，努力做到喜怒不形于色。这种行为表现有很多原因。

在多数人眼中，如果某个人在面对任何事情时情绪上都表现得很平静，那么代表这个人比较稳重、成熟。而大部分人认为，与容易情绪化的人相比，稳重、成熟的人更值得信任。因此，为了让自己显得更成熟、稳重，更值得信任，很多人都努力地压抑自己的情绪表现。

除了这个原因之外，还有很多其他的原因导致个体压抑情绪的外在表现。比如，在人际交往中，很多人为了不让别人知道自己的真实态度，一般会压抑自己的情绪表现，而且很多情绪表现很容易对周围的人造成伤害，对现状产生负面影响。

在这诸多原因之下，人们努力地压抑自己的情绪表现，就算内心波涛汹涌，外表看起来也要非常平静。

但是，压抑自己的情绪真的能帮助我们把事情办好吗？对此，有人提出了新的看法，他们认为情绪压抑会给个体本身带来不良的影响。下面，我们就跟随心理学家的研究，来验证一下这个观点是否可信。

5.2 心理实验：压抑的情绪带来的压力

心理学家为研究情绪压抑对沟通的影响，曾做了一个实验。实验者以一些彼此陌生的女士作为被试，在实验开始之前，实验者将所有的被试分成两个人一小组，然后又将所有的小组分为三个大组。

实验时，实验者先让每个小组的两个组员彼此作一个大致介绍，然后让两人相对而坐，并在两个被试中间放一块隔板，她们与隔板之间的距离均为2米。实验者告诉被试，实验研究的目的是了解她们对话的过程，在整个实验过程中实验者会测量她们的血压，录下她们的对话视频。当然，实验者打的这个幌子，主要是为了明白告知真正的实验目的会对被试的反应产生影响。

实验中，相对而坐的两名被试因为被隔板阻挡，无法看到与自己沟通的人，但是可以通过监视器看到对方。被试坐下来后，实验者先给两名被试看一段时长为 3 分钟的自然风光影片，并记录被试此时的血压，作为被试平时一般情况下的正常血压。

然后，实验者再给被试看一段 16 分钟的战争纪录片。这段纪录片的内容是第二次世界大战中日本被两颗原子弹轰炸后的情景。实验者给被试观看这段纪录片是为了让她们产生负面情绪，然后测量出被试在负面情绪体验下的血压。在这之前，实验者已经通过多次实验，证实了这段纪录片确实能够让观看者产生厌恶、愤怒和悲伤等负面情绪。

看完纪录片后，被试会听到一个指令，并根据指令开始与自己的组员进行对话。三大组的被试所听到的指令不一样。第一组被试听到的指令要求她们在与对方的对话过程中，不要表现出任何与自己的情绪有关的迹象，不要让对方觉察到自己的感受。第一组被称为“情绪压抑组”。

第二组被试听到的指令要求她们在与对方对话的过程中，想象一下“自己所要的应该是一个冷静的、没有激情的情景”。这一组被称为“重新思考评价组”。

第三组被试听到的指令只是一段音乐，对她们的对话过程没有任何要求。这一组被称为“控制组”。

指令下达之后，实验者移开两个被试之间的隔板，让她们面对面地讨论对人类本性的看法和感受，以及她们的政治和宗教信仰。在整个谈话过程中，被试自由地对话，并且可以自由地选择在任一时刻结束对话。

被试的谈话结束后，实验者再次放上隔板，被试在自己的空间内填写一份与情绪体验相关的问卷。然后，实验者再将被试的对话视频放给专业人士看，请他们对被试的行为反应进行解答。

最后，实验者对实验所得的数据进行分析。实验者发现，情绪压抑组的被试在对话过程中表现得心不在焉，与进行压抑之前相比，对话过程中被试的行为反应减少，血压升高。实验者认为，这说明被试在生理上产生了压力。

5.3 实验结论：对负面情绪进行压抑会让个体产生压力

从实验中，心理学家得出了以下结论。

> 结论：对负面情绪的压抑会对个体产生一定的负面影响，让个体在生理上产生压力，行为反应减少，无法集中精力与别人进行沟通。

对于这个实验，有人提出了一些疑问，他们认为情绪压抑组和重新思考评价组的处理是一样的。

实验者对此进行了解答，他们认为情绪压抑组的实验处理是让被试对自己产生的负面情绪进行了压抑，但产生的负面情绪还在；而重新思考评价组则是通过思考现实处境和结果，试图消除负面情绪，使自己冷静，这是一种对情绪的控制和管理。这两者是不一样的。

5.4 自控策略：不要总是压抑你的坏情绪

从上述实验的结果以及实验者对实验的分析中，我们可以获得关于情绪控制的一些启示。

（1）不要总是压抑你的负面情绪，应该适当地将其表现和发泄出来

我们从上述实验中的情绪压抑组的行为反应可以看出，被试在情绪压抑时，在生理和心理上受到了双重压力。这种压力对被试正在进行的沟通产生了不良影响。

可见，对负面情绪进行压抑不一定会帮助我们把事情办好，只不过在很多场合中，与无所顾忌地表现负面情绪所带来的后果相比，对负面情绪进行压抑所带来的负面影响相对要小很多。

因此，我们不能一味地压抑出现的负面情绪，应该先衡量一下情绪所

带来的影响力，然后选择合适的处理方法。假如当下情境需要我们对自己的情绪进行适当压抑，那么一定要在合适的时候以适当的方式将现在的负面情绪发泄出来，以免它对其他的事情产生负面影响。

情绪的发泄方式有很多种，除了正常的通过外在表现来发泄之外，还可以通过想象来发泄。比如，当你的负面情绪因某个人而生时，你可以在脑海里想象将这个人“大卸八块”。这是一种替代性发泄方式，当我们处于某种不适合表现情绪的场合时，可以通过这种方法有效地发泄自己的情绪。但要注意的是，在发泄情绪的同时，还要提醒自己，你只是利用想象在发泄情绪、调整自己，而不是在对将要进行的事情进行想象。

除此之外，还有很多方法适合在事后发泄情绪，比如运动、向别人倾诉等。不过，不管是运用哪一种情绪发泄方法，最主要的是要避免负面情绪带来的不良影响，及时调整自己的状态。

（2）提高对情绪的调控能力，情绪控制不是情绪压抑

心理学家认为，情绪控制不是情绪压抑，情绪控制是通过运用一定的方法将负面情绪消除；而情绪压抑则是将情绪压制，但被压制的情绪并不会消失。因此，我们在进行情绪控制时，要将两者区分开。

情绪控制的方法有很多，典型的是逆向思维法，即通过思考结果反过来控制情绪。具体做法是，当情绪出现时，想一下任凭自己的情绪发展和表现将会带来的后果，然后再想想自己想要达到的结果，将自己的注意力转移到自己想要达到的目标上，从而让负面情绪消失，继而让自己恢复冷静。

比如，你正在和一个难缠的客户进行谈判，因为客户态度比较恶劣，你觉得很生气，特别想劈头盖脸骂对方一顿。但是你想一下，当你骂完对方之后，这个谈判极有可能就此失败，而你会因此让公司和自己失去一笔收益，并有可能让公司的形象受损。而你想要的是谈判成功，为公司谈成一位客户，维持公司以及自己的良好形象。为达到这个目的，你需要的是一个冷静、友好的沟通氛围。这样，你的负面情绪就会相应地消失。

注意力转移法、深呼吸放松法也都是进行情绪控制的好方法。不管我们在情绪控制中运用哪一种方法，最终目的都是使自己的负面情绪消失，让自己变得冷静，让消极情绪被积极情绪所取代。

6. 情绪控制依靠的不只是意志力

心理观察

情绪启动效应实验（1）

6.1 面对情绪，有时候意志力会显得无力

在生活中，有些人好像没有脾气、很好相处；有些人很容易与别人发生冲突，经常出现生气、愤怒等情绪；有些人则比别人更消极，经常因为一些小事而灰心丧气、烦闷不已。

自尊心强的人很容易因为小事生气，或与别人发生冲突。与这一类型的人相处时，我们会发现，他们很敏感，受不了一点委屈。他们很可能因为一个玩笑而觉得别人瞧不起他，然后非常生气；或因为别人一句不经意的话就耿耿于怀。

比如《红楼梦》中的林黛玉，她天生敏感、情绪不稳定，总是因为一些小事而心情低落、垂泪哭泣。在生活中，类似于林黛玉这样敏感型的人也不在少数。

可见，个体本身的一些特质会影响个体的情绪表现。对这些因为个体

特质而出现的情绪，光是依靠意志力进行控制，似乎是治标不治本的。我们甚至会发现，有时候意志力对这些情绪没有多大的控制作用。比如，对因失恋而产生的难受、悲伤的情绪，就不是单靠意志力便可以控制的。

那么，意志力对情绪控制究竟有多大用处？我们应该通过哪种方法来控制情绪？我们下面来看一个实验。

6.2 心理实验：控制身姿

穆拉文曾做过一个实验，他以大学生为被试。首先，实验者先把被试带进实验室，测量其自控力的基础水平。然后，实验者让被试完成一项自我控制任务。接着，实验者再次对被试的自控力进行测量。通过前后两次测量的结果，了解被试在任务中所消耗的自制力。

随后，实验者将被试随机分成四组，并分别布置不同的意志力锻炼任务，让他们回家后按要求进行锻炼。

第一组被试，实验者要求他们在接下来的两周内注意自己的身姿。每当他们想到自己的身姿，就努力地坐直或站直。因为这些被试基本上都习惯懒洋洋地坐着或站着，所以，让他们注意自己的身姿违背了他们原有的习惯、意愿，会消耗他们的意志力。由此，实验者猜想，在不断练习的过程中，被试的意志力会逐渐增强。第一组被称为"身姿调整组"。

第二组被试，实验者让他们在接下来的两周内，将自己所吃的任何东西都记录下来，但是他们不需要改变自己的饮食习惯。不过在记录的过程中，被试可能会自行进行调整。这一组被称为"饮食监控组"。

第三组被试，实验者要求他们在接下来的两周内调整自己的心情，让其保持良好的状态。假如被试在这个过程中发现自己难受了、情绪变得消极了，他们需要及时努力地调整自己，让自己的心情好起来。

第四组作为控制组，实验者没有让这组被试在接下来的两周内进行任何与自我控制有关的训练。

两周后，实验者将被试召回实验室，对被试的自控力进行测量，并将测量结果与两周前的测量结果进行对比。对比之后实验者发现，第一组被试和第二组被试的自控力测验的得分都比两周前高，而且显著高于第四组的得分。其中，与第二组被试相比，第一组被试两周前后的得分差值更大。但是，第三组被试的自控力测验得分与两周前相比没有明显的变化。

实验者对实验结果进行分析后认为，第三组被试的自控力没有得到改善的原因是情绪调控需要的不仅仅是意志力，要让自己的情绪变好，不是单靠意志力就能够做到的，更多时候还需要认知等方面的技巧。

6.3 实验结论：情绪控制不仅需要意志力，还需要其他技巧

从实验中，心理学家得出了以下结论。

结论一：并不是所有自我控制的过程都会让意志力得到锻炼。

结论二：相对于自我监控，练习控制自己的身姿能够更好地磨炼意志力。

结论三：练习情绪控制，不一定会有增强意志力的效果，因为情绪控制还需要很多其他方面的技巧。

6.4 自控策略：注重情绪控制的技巧

其实，实验者设计上述实验的目的是想探索哪种方法可以增强个体的意志力。但是，在本节中，我是想通过这个实验告诉大家：情绪控制需要

的不仅是意志力，还需要其他技巧。

首先，我们需要对自己的情绪有一种正确的认识。很多人都认为，情绪来自其他的人或事物。因此，当情绪出现时，他们很容易把情绪出现的原因归到别人身上，导致和别人产生冲突，但却忽略了对自身情绪的控制。其实，决定情绪的是个体自己的内心，因此，要想控制自己的情绪，自身调节很重要。

其次，个体的信念、价值观、坚持的原则等，都会影响某件事给其带来的情绪。这也是同一件事会给不同的人带来不同情绪体验的原因。

由此可知，调整我们的认知、信念、价值观等，能够帮助我们控制情绪。

> 一个人如果将钱财看得非常重要，那么他有可能会因为自己的钱财受损而生气，哪怕受损的钱财非常少。在这种状况下，他可以通过调整自己的价值观来消除负面情绪。他只要将钱财看得轻一点，认为钱财受损不会影响自己的正常生活，他的负面情绪就会慢慢消失。

错误的认知很容易让个体产生负面情绪。因此，调整认知是情绪控制的一个重要方法。

7. 悄悄地改变你的情绪

心理观察

情绪启动效应实验（2）

7.1 变幻莫测的情绪

情绪难以捉摸、变幻莫测，有时候我们可能会莫名其妙地生气、冲别人发火。

不过，莫名其妙出现的情绪可不仅仅是怒火。人们经常会触景生情，因为看到某些情景而产生某些情绪。比如，《红楼梦》中的林黛玉在看到满地落花时悲伤不已，并专门写了一首《葬花吟》来抒发自己的心情。

当然，这有可能是作者曹雪芹为了塑造人物形象而特意描写的情节。但在现实生活中，这样的现象也很普遍。当人们看到阳光明媚、春花绚烂时，可能会心情很好，觉得生活充满希望；当人们看到某些发生在别人身上的不幸的事情时会感到悲伤，虽然这些事情与自己毫无关系。

可见，人的情绪确实变化多端。人们不但会因为自己的事情而感受到情绪变化，还会因为外界的、一些无关紧要的事情产生情绪。对此，心理学家进行了研究。

7.2 心理实验：看不到的词语

心理学家在对情绪进行研究时发现，情绪存在“启动效应”。代表不同情绪类型的词语或图片，会引起个体的情绪发生相应的变化。

近年来，心理学家又发现，情绪的这种“启动效应”可以在阈下（即感觉界线之下）知觉下发生，就算个体无法知觉出现过的情绪词语或情绪图片，情绪的启动效应依然存在。这种阈下刺激（即个体不能知觉到的刺激）带来的情绪启动效应已经由实验验证。

美国耶鲁大学的社会心理学家约翰·巴奇（John Bargh）及其同事曾进行了一项实验研究。

实验中，实验者在非常短的时间内给被试呈现了一些带有情绪色彩的词语。其中，每次词语的呈现时间为300毫秒，被试根本无法知觉到实验者呈现的词语到底是什么。

实验者将被试随机分成了四组，给四组被试呈现不同的词语。给第一组被试呈现的词语是强烈积极型词语，如音乐、朋友；给第二组被试呈现的是强烈消极型词语，如癌症、蟑螂；给第三组被试呈现的是微弱积极型词语，如游行、小丑；给第四组被试呈现的是微弱消极型词语，如星期一、蠕虫。

被试看完实验者快速呈现的词语后，要填写一些情绪量表。实验者从这些量表中可获知被试的情绪状态。

通过分析从实验中得来的数据，实验者发现，被试在情绪量表中报告的情绪状态与他们看到的态度名词密切相关。

第一组被试在量表中表现出高水平的愉快情绪，并且这种愉快情绪在四个组中最高；第二组被试在量表中表现出高水平的消极情绪，并且他们的消极情绪在四个组中最高；其余的两组被试，在情绪量表中均显示出相应的情绪，但是情绪水平不高。

7.3 实验结论：外界事物会不知不觉地影响个体的情绪

从实验中，心理学家得出了以下结论。

> 结论：事物会不知不觉地影响个体的情绪，即个体的情绪变化存在自动化加工过程。

对情绪启动效应的研究非常多，很多结果都证明了阈下刺激能够让情绪发生启动效应。心理学家将其称为“阈下情绪启动效应”。

7.4 自控策略：合理利用情绪的启动效应调控情绪

我们从上述实验可知，有时候外界环境会不知不觉地对个体情绪产生影响，这是一种自动化的加工过程，不需要个体的注意力参与。

由此，我们可以通过避开一些容易引发负面情绪的因素，创造一些容易引发积极情绪的因素来调节、控制自己的情绪。无论我们是否能够意识到这些因素，都不会干扰我们的情绪受其影响。这个启示基本上可以概括为以下两点。

（1）避开一些带有消极情绪暗示的事物

有些人天生就比别人敏感，容易因为一些小事产生情绪。比如前文中提到的林黛玉。

对敏感型的人来说，别人的一句话、一个小动作，都有可能引起他们的猜疑。他们会产生“是不是在谈论我”“是不是对我有意见”等想法，并且在这些想法下，他们感到焦虑、胆怯、烦闷、沮丧等。

这种类型的人主要是通过改变自己的信念来调控自己的情绪的。不过，我们从上述实验可知，在生活中，他们还可以利用情绪的启动效应来调整自己的情绪。比如，适当地清理生活环境中那些带有消极色彩的东西，避免自己受到它们的暗示。

当处于消极情绪状态时，有些人更愿意接触带有消极色彩的东西，比如喜欢听低沉、哀婉的歌曲。其实这个时候，他们应该避免接触与消极情绪相关的任何事物，因为这些事物会继续暗示他们产生消极情绪。

（2）巧用积极的暗示，调控自己的情绪

除了清理那些带有消极情绪暗示的东西，我们还可以通过在生活环境中放置一些带有积极情绪暗示的东西，来让自己的情绪更积极。

在生活和工作中，有时候人们会陷入某种负面情绪之中。比如，在工作上接连受挫，让你陷入一种烦躁、沮丧的情绪中。这时，人们可以在自己经常活动的地方放上一些带有积极情绪色彩的东西来调控自己的情绪，让自己的情绪变好。比如，在自己常看见的地方贴上一些你在开心时照的照片，或是和家人一起出去游玩的照片。

这两种方法都是利用情绪的启动效应来调节个体的情绪，让个体的情绪变得积极。

8. 接纳自己的情绪

心理观察

离婚后调查

8.1 你是失败的情绪管理者吗

人们都喜欢积极的情绪体验，讨厌消极的情绪体验，并且会努力地调控自己的情绪、观点等，让它们向积极乐观的方向改变。但是，很多时候人们都会不由自主地陷入某种负面的情绪体验中，产生一些负面的观点与看法。

> 近些年，就业形势比较严峻，招聘会上总是人山人海，经常有很多人同时竞争一个岗位。所以，每年临近毕业时，很多大学生都处于一种找工作的焦虑状态中，他们害怕自己找不到合适的工作。尤其是那些所学专业是冷门的学生，他们的焦虑状态更加明显。而在找工作时，他们也很容易因为各种挫折而陷入某些负面的情绪中，不能自拔。

这些是因生活事件导致的负面情绪。除了生活事件会使人们陷入负面情绪以外，一个人本身的人格特质也会影响他的情绪体验。比如，那些本身就是抑郁型性格的人，比其他人更容易产生消极情绪。可见，人们无法避免自己产生某些负面的情绪体验。

负面情绪会给人们的生活和工作带来不良影响。很多人都讨厌负面情绪，有时甚至不愿承认它的存在，有意忽视它。但心理学家认为，忽视负面情绪并不能帮助人们消除负面情绪。接下来，让我们来看一个实验。

8.2 心理实验：多久才可以走出离婚的阴影

心理学家克里斯汀·内夫（Kristin Neff）在心理研究过程中，提出了“自悯”的概念，她认为自悯是对自己的关心和关切。自悯包括三部分：自我友善、普遍人性感和正念。其中，自我友善是指个体关心和理解自己的倾向，宽恕自己的过错；普遍人性感是指个体承认人无完人，将个人经历看作人类所应共有的经验；而正念是指以一种清晰和平衡的方式觉察当前的情形，既不忽视也不对自我或生活中的不利方面耿耿于怀。这三个部分中，普遍人性感是自悯的中心。

研究表明，自悯水平较高的个体能够更好地应对自己的消极情绪。因此，心理学家认为，自悯可以帮助人们减少消极情感。但自悯是如何帮助人们减少消极情感的呢？对此，心理学家进行了一系列研究。

美国杜克大学的心理学研究生阿什利·艾伦（Ashley Allen）等人在网上进行了一个调查，调查的结果回答了“自悯是如何帮助人们减少消极情感的”这一问题。

调查研究的被试是105名经历过婚姻破裂的成年人，包括38名男性和67名女性。他们与前任伴侣相处的平均时间为13.5年。

在研究的第一阶段，研究者先要求被试回忆自己前任伴侣的具体相貌，时间为30秒。然后，研究者让他们自由谈论离婚经历给自己带来的感受和想法。研究者对他们的谈论过程进行录音，并将这些录音放给4名受过训练的专业评价者听，让这些专业评价者对录音做出评价，给被试的自悯水平打分。

在研究的第二阶段中，研究者对被试进行了跟踪调查，在3个月后、6个月后和9个月后，对被试进行了后续测验。主要是测量被试离婚后的心理适应情况。被试在测验中的得分越高，说明被试体验到的消极情绪越强烈，情绪适应性越差。

调查结束后，研究者对处于不同自悯水平的被试离婚后的心理适应情况进行了对比分析。结果，研究者发现，被试在自由谈论录音中表现出的自悯水平与他们的离婚心理适应水平呈负相关。自悯水平较高的被试，在后续测验中的得分较低，离婚后心理适应情况较好；而自悯水平较低的被试，在后续测验中得分较高，在离婚后的适应过程中情绪波动幅度较大。

8.3 实验结论：自悯水平越高的人，越容易脱离负面情绪

根据调查结果，研究人员得出了以下结论。

> 结论：自悯水平越高的人，越容易脱离离婚所带来的负面情绪的影响。

心理学家在该调查研究所得结果的基础上，进一步对个体的情绪调控进行分析。离婚属于生活中的负面压力事件，会带给个体负面情绪体验，而生活中类似于离婚的能给个体带来负面情绪体验的压力事件很多，如工作挫折、人际纠纷、日常琐碎事务等。因此，我们从上述研究中可以推断，自悯水平较高的人往往能够更加积极地面对压力事件，产生更少的消极想法。

心理学家认为，这是因为高自悯的人能够更有效地利用情绪管理策略调控自己的情绪，很少逃避所面对的问题。

8.4 自控策略：善待自己，培养自悯观，提高自悯水平

（1）接纳负面情绪，正确消除负面情绪

要想对负面情绪进行控制，让心情变好，我们就要正视并接纳自己的负面情绪。

有些人会对陷入负面情绪的自己感到非常厌恶。其实，负面情绪的出现是很正常的。负面情绪并不可怕，只要我们积极面对它，并对其进行有效的控制，我们就会从中脱离。或许我们还可以将这种情绪控制看成一种挑战，并从中体验到成就感。

（2）善待自己，培养自悯观

心理学家通过研究发现，自悯是一种可以通过培养获得的看待自我的态度。因此，我们可以通过培养自悯观、提升自悯水平来提高自己调控负面情绪的能力。

9. 假装自己很开心

心理观察

情绪假装实验

9.1 假装久了，是否也就无所谓真假了呢

在有些场合下，当某种情绪出现时，人们最先做出的反应是，马上对出现的情绪进行掩饰，努力地让自己表现出另一种情绪。

在商业谈判中，有些人为了给自己争取更多的利益，不但要对自己内心的情绪进行掩饰，还会让自己有意表现出某种其他的情绪，给对方传达一些虚假信息。比如，当对方提出一个自己很满意的合作方案时，他们虽然心里很高兴，但是表面上却要显示出一副不是很满意的样子；当很讨厌对方时，他们依然会表现得友好，假装很喜欢对方。

这种假装情绪表现的现象，在生活中的其他方面也很常见。比如，朋友之间或恋人之间，一方为了不伤害另一方，往往会在某些时候掩饰自己的真实情绪。

甚至，有些人已经习惯于整天掩饰自己的真实情绪，看到自己不喜欢的人依然满脸笑容，遇到觉得很委屈的事情依然表现得很开心。有人根据自己的亲身体验说："其实装着装着也就习惯了，分不清真假了！"

假装的情绪真的有以假乱真的效果吗？接下来让我们看一个实验。

9.2 心理实验：请你假装很愤怒

心理学家在研究情绪的时候提出了不同的情绪理论。其中，美国心理学家威廉·詹姆斯（William James）和丹麦生理学家兰格（Lange）分别提出的"外周情绪"理论认为，情绪是由个体的情绪生理反应造成的。比如，他们认为个体因为哭泣才会感觉悲伤。

很多人都不赞同这种观点，但是在对情绪进行研究的过程中，心理学家却发现个体的外在情绪表现行为确实可以引发个体产生相应的情绪。

心理学家曾做过一个实验，他们让一些训练有素的职业演员假想自己站在观众面前，表演愤怒的模样。

在被试假装愤怒的同时，实验者通过仪器记录下了他们的某些生理状况，如心跳、血压、体温、肌肉紧张度等。

除此之外，实验者还在被试假装愤怒时抽取了他们的血液进行检测。检测的内容包括血液中的可的松、儿茶酚胺和免疫机能的各种指标。目的是通过这些指标了解被试假装愤怒时的生化状况。

实验者再通过实验设计让被试产生真正的愤怒情绪。实验者在被试真正愤怒时，进行了同样的生理状况记录和血液生化检测。

实验者将两种情境下测量所得的被试的生理状况和生化状况数据进行对比，发现在这两种情境下被试的生理、生化数据毫无差别。

9.3 实验结论：假装的情绪可以像真实情绪一样引发个体相应的生理反应

从实验中，心理学家得出了以下结论。

> 结论：假装的情绪可以让个体在生理上出现真正的情绪导致的生理反应。

这种现象最开始是心理学家艾克曼在1983年发现的。后来，心理学家们通过诸多的实验研究证明，如果个体能按照恐惧、愤怒、悲伤、愉快等情绪的外在表现牵动自己的脸部肌肉，摆出相应的表情，就可以使自主神经系统调节个体的生理反应趋向这些真正的情绪带来的生理反应。

9.4 自控策略：学会适当地掩饰真实情绪

上述实验告诉我们，适当地掩饰自己的真实情绪，也是情绪调控的一种方法。

情绪带来的相应的生理反应会给个体带来最直观的感受。比如，当一个人产生焦虑情绪时，他的身体激素水平会发生变化，从而使他的血压升高，感到头痛、头昏眼花，身体肌肉变得紧张，感到紧张、有压力，自主神经发生变化，感到胃痛、不想吃饭等。当情绪激动的时候，身体的激素调节会让人感觉血压升高、心跳加速，整个人变得很兴奋。

因此，当我们进行情绪调控，想使自己心情变好、感觉舒适时，可以从调节生理反应入手。

我们从上述实验可以得知，当个体假装某种情绪的外在表现时，生理上会出现真正的情绪所导致的相应的反应。也就是说，如果我们假装很高兴，那么我们的生理反应就和真正高兴时一样，会体验到真正高兴的感觉。

当我们发现自己正因为某些事情而感到情绪低落，并且无法通过其他的方法帮助自己消除这种低落情绪时，我们可以先假装自己因为周围的事情而感到快乐，并沉浸在这种快乐之中。也许，在假装快乐的过程中我们会逐渐发现，我们真的已经脱离了负面情绪的消极影响，开始变得快乐起来。

第 6 章

预防失控——寻找心理平衡

哪些时候你的行为会失控？

怎样做你才能重新找回自己对行为的掌控权和心理平衡？

1. 行为何时会失控

心理观察

意志力耗竭与行为实验

1.1 行为的影响力

行为是心理学研究的重点，因为行为是心理活动的外在表现，并会对人们的生活和工作产生最直接的影响。

试想一下，假如你失去了一切行为能力，那么你的生活和工作将会怎样？你不能吃饭，不能与别人进行互动，无法参加学习和工作，无法实现自己的理想。可见，行为能力对于一个人来说非常重要。

不同的行为会导致不同的结果。比如，工作时，一个人集中精力工作与三心二意地工作所完成的工作任务量以及任务的完成质量都会有很大的差别。在人群中，行为举止文雅有礼、风度翩翩的人往往比行为举止粗鲁无礼的人更受欢迎。

可见，行为对人们的生活与工作的影响非常大。正因为如此，行为控制是自我控制中最重要的内容之一。

1.2 心理实验：意志力耗竭时，你的行为会怎样

从生活中，心理学家发现，很多时候人们都需要对自己的行为进行刻意的控制。对此，心理学家进行了有关行为控制的实验研究，结果发现人类的很多行为都与自我控制能力存在关联。

那么行为控制与自控力存在多大的关联呢？下面让我们通过心理学家

的实验来验证一下。

实验一

2006 年，斯图克（Stucke）和鲍梅斯特进行了一项验证性实验研究。在实验开始之前，实验者先将被试随机分成两组：实验组和控制组。

实验者让实验组的被试先完成一些自我控制任务，使他们的意志力在自我控制中被消耗，从而使实验组的被试在进入下一个实验任务时其意志力处于耗竭状态。

控制组被试没有参加自我控制任务，他们在完成下一个实验任务时意志力处于正常状态。

然后，实验者让两组被试对实验者进行评价。这个评价与实验者的职业前景相关。实验者以被试所给的评价作为评估被试的攻击性水平的标准。

最后，实验者对两组被试的评价进行比较分析。分析之后，实验者发现，实验组比控制组做出的评价更负面，即实验组的被试的攻击性水平更高。

实验二

2007 年，沃斯 (Vohs) 和费伯（Faber）进行了一项关于消费行为的实验研究。

实验以大学生为被试。同上述实验一样，实验者先将被试随机分成两组：实验组和控制组，并让实验组被试完成一些自我控制任务，而控制组被试则什么都不做，从而使实验组被试在完成下一个实验任务时其意志力处于耗竭状态，而控制组被试的意志力则处于正常状态。

然后，实验者给被试呈现 18 种商品，并让他们评估这些商品的价格。实验者以被试给出的商品价格为标准，评估其冲动消费的可能性和自控力水平。当被试愿意花更多金钱购买某件商品时，代表他对自己的消费行为的控制能力较低。

实验者对两组被试评估的价格进行了对比。结果，实验组的被试给出的商品价格远远高于控制组被试给出的价格。

实验三

米德（Mead）等人进行了一个实验，目的是对意志力与欺骗行为的关系进行研究。

实验者先将被试随机分成了两组：实验组和控制组。然后，实验者让实验组完成一项需要自我控制的任务：写一篇不包括字母 A 和 N 的短文。而控制组的被试则只需写一篇不包括字母 X 和 Z 的短文。前一个任务所消耗的意志力更多。

任务完成后，实验者让两组被试填写一份问卷。问卷上一共有 25 道问题，问题后面有答案的选项，被试需要从中选出正确答案，并将正确答案填到答题卡上。实验者告诉被试，他们每答对一道题便会获得 0.1 美元的报酬。

实验者在把关于任务的相关规则告诉被试后，拿出两张答题卡，并抱歉地告诉被试只剩下两张答题卡，其中一张的上面涂有正确答案的痕迹，但是被试仍然可以在上面写下自己的答案，而另一张则是崭新的答题卡。实验者让被试自主选择一张答题卡答题。

假如被试选择崭新的答题卡，这说明他不愿意作弊来欺骗实验者。假如被试选择旧答题卡，那么被试就可以参照上面的正确答案的痕迹选择出正确答案，而这是一种欺骗行为。因此，当被试选择旧答题卡时，实验者以其答对的正确题数作为判断他的欺骗行为水平的标准，被试所得分数越高，则被认为其欺骗行为水平越高。

实验者统计实验所得的数据后发现：实验组比控制组更倾向于选择旧答题卡；在选择旧答题卡的被试中，实验组被试答对的题目数量显著多于控制组的被试。

因此，实验者认为，与控制组被试相比，实验组被试更经不住诱惑，欺骗行为更严重。

1.3 实验结论：意志力耗竭时，个体对行为的控制力下降

从实验中，心理学家得出了以下结论。

> “实验一”结论：当个体的意志力耗竭时，个体对攻击性行为的控制力变弱，攻击性行为增加。
>
> “实验二”结论：当个体的意志力耗竭时，个体更容易出现冲动消费行为。
>
> “实验三”结论：当个体的意志力耗竭时，个体更容易出现自私自利的欺骗行为。

综合心理学家的实验研究，我们基本上可以确定：当个体的意志力耗竭时，各种行为的控制力下降，个体更难抗拒诱惑、控制自己的冲动。

1.4 自控策略：锻炼意志力水平，增强行为控制力

我们从上述实验可知，当个体意志力耗竭时，个体的行为控制能力就会降低。

行为控制是自我控制中非常重要的内容之一，行为控制的效果与个体的意志力水平有很大关联。由此，我们可以获得以下启示。

（1）行为控制要结合自己的意志力状态

个体应该针对自己的意志力状态进行行为控制。当个体的意志力耗竭时，个体的行为控制能力变弱，攻击性行为、冲动行为等更容易出现。因此，在意志力被大量消耗后，我们应该尽量避免引起这些行为的刺激。比如，容易冲动消费的人，最好不要在下班后去商场或超市购物，因为在这时他们都比较难以控制自己。

当意志力耗竭时，我们应该通过放松、休息的方式尽快让意志力得以恢复，或者通过补充能量，让意志力得到补充。这样，我们才能尽快地将

意志力调整到一个较好的状态，从而加强行为控制。

当这两者都无法做到时，我们只能尽量在这种时候提高警惕，以免行为失控。比如，在外界刺激下，及时想象冲动行为将会带来的后果，从而克制自己的冲动，加强对行为的控制。

除此之外，我们还可以按照自己的意志力状态分配行为控制任务。一般每天上午的意志力资源比较充足，而下午则相对差一点。因此，我们可以将那些对自控力要求较高的行为任务（如某些令人抓狂的工作任务）安排在上午完成，而将相对轻松点的工作安排在下午完成。

（2）锻炼意志力，增强行为控制能力

行为控制能力与个体的意志力密切相关，当意志力资源充足时，行为控制能力也相对较高。因此，我们可以通过锻炼自己的意志力来提高自己的行为控制能力。

我们可以选择适合自己的方式进行控制练习，从而增强自己的意志力，加强行为控制能力。比如，通过对自己身姿的控制练习，可以有效地提升自控力水平。

2. 行为决定习惯，习惯同样影响行为

心理观察

迷宫实验

2.1 你是否能够脱离习惯的影响

有一个比较重口味的爱情故事。一只小雌猫爱上了它的男主人，

非常想嫁给他。但是，猫是没有办法和人结婚的，于是这只猫找到爱神维纳斯，求她帮忙。爱神很同情它，把它变成了一个美女，并让男主人对它一见钟情。

新婚之夜时，爱神想测验这个外形是人的猫是否变成了真正的人。于是爱神放出一只老鼠，这个美女看到后立即本能地扑上去，准备吃掉老鼠。爱神见美女的内心还是一只猫，于是就把它又变回了猫。

这个故事说明，个体的习惯对其行为存在很大的影响。很多时候，人们的习惯会使个体不假思索地做出某些行动。你每天打开家门时，可能会习惯性地将钥匙放在某个地方；第二天去上班时，又会习惯性地到那个地方拿你的钥匙。

个人的行为习惯有好有坏，行为习惯所产生的影响也有好有坏。比如，一个人在行为习惯的影响下，可以不用过多地注意和思考就能完成某些事情，从而有更多的时间去考虑别的事情，这是行为习惯的积极影响。而很多人都会在习惯的影响下，每天上班打开电脑后先浏览微博信息，不知不觉地浪费了很多时间，这是行为习惯产生的消极影响。

因为习惯会影响行为，所以控制行为习惯及其对行为的影响也是行为控制研究的主要内容。那么，怎样才能控制自己的行为习惯及其影响呢？接下来让我们看一个实验。

2.2 心理实验：改变你的习惯有多难

心理学家发现，很多时候，个体的行为都会不由自主地受其习惯控制。他们通过研究发现，大脑中负责习惯行为编码的神经通路位于大脑深处的基底核。但是也有研究表明，习惯的养成需要大脑下边缘皮质（大脑前额叶皮质上的一个区域）的参与。

在这两种观点的基础上，研究者们想知道，破坏个体大脑中的这两个部分是否能损坏个体的行为习惯？对此，美国麻省理工学院的神经科学家以大鼠为对象进行了实验研究。

实验一共分三个阶段。第一阶段的实验目的是：让大鼠养成往某个方向转的习惯。

实验者先让大鼠从T形迷宫的一个口进去。当大鼠到达岔路口时，实验者用一定的声音提示它们向左转。假如大鼠按照提示声音选择了正确方向（向左转），就会得到奖励：巧克力牛奶；而假如大鼠走错了方向（向右转），就不能得到奖励，只能得到糖水。

如此连续多次之后，实验者停止给大鼠奖励，结果实验者发现，大鼠依然能够正确地按照声音提示向左转，并通过迷宫。这说明大鼠已形成了碰到岔路口就向左转的习惯。为进一步证明这一点，实验者在奖励大鼠的巧克力牛奶中加入了氯化锂（会导致大鼠感到轻微的恶心）。结果，大鼠还是会正确地按照声音提示向左转，并通过迷宫。不过，大鼠在向左转后，不再饮用实验者放置的巧克力牛奶。这足以证明大鼠已养成向左转的习惯。

接下来，实验进入第二阶段。实验者继续让大鼠走T形迷宫，但是在大鼠到达迷宫岔路口的前几秒，实验者利用光基因技术（利用光照抑制个体特定细胞活动的技术）抑制大鼠脑部下边缘皮质的细胞活动。

结果实验者发现，大鼠几乎立刻就忘记了遇到岔路口向左转的习惯，不再按照声音提示向左转。

实验者采用其他方法继续干扰大鼠走迷宫，使大鼠向左转的习惯被打破，且很快形成了遇到岔路口向右转的新习惯。就算提示声音是向左转的，大鼠的选择仍是向右。

大鼠形成向右转的新习惯后，实验进入第三阶段。在这个阶段中，实验者再次在大鼠到达迷宫岔路口的前几秒时利用光基因技术抑制大鼠的下边缘皮质的细胞活动。结果，实验者惊奇地发现，大鼠立刻恢复了按照声音提示向左转的旧习惯。

2.3 实验结论：旧习惯不会被遗忘，只会被取代

从实验中，心理学家得出了以下结论。

> 结论一：习惯对行为所产生的影响，与大脑下边缘皮质有关。
>
> 结论二：个体养成的旧习惯并不会被遗忘，大脑只是用新习惯取而代之。

心理学家认为，上述实验结果显示了大脑下边缘皮质对个体的行为习惯有选择作用。但是这个实验还不能确定对习惯的选择起作用的是下边缘皮质中的哪些神经元细胞。为了进一步了解大脑选择行为习惯的真相，心理学家正在进行更深层的研究。

2.4 自控策略：学会利用习惯的力量控制行为

（1）习惯难遗忘，请谨慎培养

个体行为习惯的养成以及行为习惯对行为的影响，存在一定的生理基础，比如上述实验中的大脑下边缘皮质区域。

我们可以把行为习惯的养成过程看作一次性光盘的刻录过程。养成的行为习惯就像是刻录在光盘上的歌曲一样，只要被刻录上去，就无法擦除，不会消失。而我们只能在不同的行为习惯上进行选择，就像是选择歌曲一样。

因此，我们在培养行为习惯的过程中一定要谨慎。鉴于行为习惯不会被遗忘的特点，我们最好不要让自己养成不良的行为习惯，而应该有意识地让自己养成良好的行为习惯。

比如，刚开始上班的人应该注意不要养成打开电脑先将微博信息浏览

一遍的习惯，这很耽误时间。可以培养自己早睡早起的行为习惯，这样可以让人拥有良好的精神状态。

（2）通过控制习惯来控制你的行为

面对已经存在的坏习惯，我们应该怎样控制它们对行为的负面影响？

我们从上述实验中可以知道，大脑下边缘皮质可以选择行为习惯。因此，我们可以通过为下边缘皮质提供新的、积极的选项，来消除旧的、消极的行为习惯所产生的消极影响。

我们可以借鉴上述实验中的方法，来让自己养成新的、积极的行为习惯。首先，我们需要确定目标，确定将要养成的行为习惯；然后，我们开始养成习惯，一开始时，我们需要对目标行为进行一定的奖励，从而让自己坚持该目标行为。比如，当我们准时起床时，我们可以奖励自己一顿美味的早餐。

当我们认为行为习惯已经养成时，就把奖励慢慢地撤掉。比如，当我们已经能够准时起床时，可以将早餐换回普通早餐。就这样，新的行为习惯被养成，而我们的行为选项多了一个，我们的行为不会再只受以前的旧习惯控制。

（3）加大坏行为习惯的执行难度，帮助大脑做出选择

我们通常会利用意志力来抵制某些坏习惯。比如，很多人在早上起床时，都会努力地利用意志力来克服自己赖床的习惯。但是，通过利用意志力抵抗坏习惯是一个辛苦的过程。对喜欢赖床的人来说，早起就是一件非常痛苦的事情。

有人提出，可以通过加大行为执行的难度来控制行为习惯。比如，我们在晚上睡觉前少吃点饭，适当多喝点水，到了第二天早上，我们就会觉得肚子很饿，很想上厕所。这让我们难以继续赖床，我们只能选择起床上厕所、找饭吃。这样，赖床行为就会成功得到控制。

因此，我们可以通过调控行为执行的难易程度来控制自己的行为习惯。

3. 破“界”后的失控

心理观察

奶昔实验

3.1 假如界限被打破

在自我控制过程中，我们都会给控制的内容设定一定的界限。比如，控制自己专心工作的人，会限定自己每天需要完成的工作量；节食的人，可能会限定自己每天应该吃多少热量的食物。

只不过，自我控制的界限虽然是有了，但它被打破却是很普遍的事。虽然你限定了每天的工作量，但是却可能因为某些原因导致你无法完成，比如突然接了个意外的电话，导致你耽误了很长时间。

界限被打破的原因有很多。有时候是个体自己经受不住诱惑而放弃坚持，有时候是因为某些意外事件，或不得已的原因。比如，你正在戒酒，但是因为工作的原因，你可能无法避免饮酒。

不过，界限被打破的原因并不是我们所关心的，我们想要知道的是人们在界限被打破之后的反应，即自我控制的界限被打破之后，个体的自我控制会出现什么样的变化，是破罐子破摔，还是立即进行补救？

对此，我们来看一个关于节食的实验，实验的结果会告诉我们答案。

3.2 心理实验：谁会吃得更多

实验一

彼得·赫尔曼（Peter Herman）博士对“个体对自己的欲求行为

的自我调节和控制"的相关问题进行了深入研究。

在其中一项实验中，彼得博士选择了一些正处于节食过程中的人和一些没有节食的人作为被试。实验者让被试在实验开始之前的几个小时内禁食，从而使他们参加实验前处于一种"饥饿状态"。

实验者将被试分成三组，并使每一组都有两种被试成员。被试到达实验室后，实验者给第一组被试一小杯奶昔，给第二组被试两大杯奶昔，而没有给第三组被试任何食物。其中，一小杯奶昔的量只能缓解一下被试的饥饿，而两大杯奶昔的量可以让一个正常人觉得吃饱了。

被试喝完奶昔之后，他们被实验者带进一个小隔间。隔间里面放着几碗薄饼和曲奇，还有一张评价表。实验者告诉被试，因为他们想知道人们对各种零食口味的看法，所以请被试帮忙品尝食物，并对食物进行评分。被试在品尝过程中，想吃多少就吃多少，假如吃光了，还可以找实验者要。

实验者所说的这个目的是假的，实验者真正的目的是想要知道不同的被试在品尝食物时，吃下的薄饼和曲奇的数量是否存在区别。因此，实验者隐蔽地记录下被试吃下的薄饼和曲奇的数量。

结果，实验者发现，喝了两大杯奶昔的非节食被试，只是咬了一下薄饼，就迅速地填写了评分表；喝了一小杯奶昔的非节食被试，相对来说吃了更多薄饼，才开始填写评分表；而什么都没吃、仍然饿着的非节食被试，则在评分过程中吃了很多的薄饼和曲奇。这种现象正在实验者的预料之中。

但是，正处于节食的被试的反应则出乎了实验者的预料。他们之中喝了两大杯奶昔的被试比什么都没吃的那组被试吃了更多的薄饼和曲奇。

这个实验结果令实验者感到惊奇。实验者对此进行了分析，他们认为这可能是因为节食者心中对每日摄入的卡路里量都有一个界限。当节食者喝下两大杯奶昔时，他们会认为这已经超过了界限，继而认定这一天的节食计划失败了，只能从第二天再重新开始节食。于是，他们对这一天接下来的饮食控制突然减弱，继而在品尝过程中吃下更多的食物。

不过这只是实验者的一种设想，为验证这种设想是否正确，实验者进一步对此进行了实验研究。

实验二

在这个实验中，实验者同样让节食者和非节食者在实验之前一段时间内禁食，使他们在参加实验前处于一种饥饿状态。

实验者将他们带到实验室后，分别给两种被试中的一些被试足够的食物。这些食物的热量超过了节食者给自己每日限定的界限。

然后，实验者给所有的被试端上三明治。其中每块三明治都被切成了 4 小块。当被试停止吃三明治时，实验者突然问每个被试他们吃了多少块三明治。

结果，大部分被试都正确地回答了实验者的问题，但是，那些之前吃过食物的节食者的回答则大部分都不对，不是高估了吃下的三明治的数量，就是低估它们的数量。实验者认为，这表明吃过食物的节食者已经忽略了三明治带来的负面影响。

3.3 实验结论：设定的界限被打破后，个体对自己的控制也会放松

从实验中，心理学家得出了以下结论。

> 结论一：在自我控制过程中，当个体给自己设定的界限被意外打破时，个体更加容易放松对自己的控制。
>
> 结论二：当个体给自己设定的界限被意外打破之后，个体容易忽略放松控制带来的负面影响。

3.4 自控策略：当界限被打破时，注意调整自己的心态，加强自我控制

虽然在上述实验中实验者只针对节食中出现的破“界”现象进行研究，但是，实验所得的结果却可以被应用在对其他方面的控制上。从上述实验中，我们可以得到以下启示。

（1）对节食者的启示：节食是一个长期的累积过程

从实验中，我们可以看到一种发生在节食者身上的普遍现象。当他们给自己设定的限制被意外打破后，他们会在接下来的一段时间内放松饮食控制。他们会认为今天的节食计划已失败，只能明天再重新开始。

在他们眼里，节食计划是断层的，是没有关联的。但事实上，食物产生的影响是持续累积的。你今天所吃的食物对你产生的影响不会等到明天就消失。它会累加在你过去的状态上，形成一种新的状态，并成为你在明天和以后要面对的问题。也就是说，节食者每放纵一次，就会为他今后的节食计划添加一份压力。

因此，“今天已经节食失败就可以放纵地大吃大喝”的想法是不够理性的。它会阻碍节食者达到自己的目标。

假如你是一名节食者，那么当你设定的界限被打破时，你一定要提高警惕，警惕自己不要产生破罐子破摔的放纵心理。你可以告诉自己，节食是一个需要长期坚持的过程，中间任何一次放纵都会对整个节食计划造成很大的负面影响。

（2）对其他自我控制行为的启示：警惕破罐子破摔心理

上述实验对其他方面的自我控制也存在一定启示。实验中出现的情况也可能会出现在其他方面的自我控制上，只不过产生的影响可能会有所差别。

对于锻炼身体的人来说，偶尔放弃一次锻炼对整个锻炼计划产生的影响可能较小。但对那些控制自己的休闲欲、交往欲，从而让自己认真工作的人来说，这种现象产生的影响可能会比较大。

很多人在上午没有完成给自己设定的工作量时，会觉得自己肯定无法

完成今天的工作量，从而在下午工作时放松对自己的控制。但事实上，工作量是累积的，你下午完成的工作量不应该受到上午完成的工作量的影响。我们甚至应该对事情进行积极的补救，即在下午尽量多完成一些工作。

因此，在其他方面的自我控制上，我们也应该针对自我控制行为的性质，适当地提醒自己警惕实验中出现的这种现象，避免行为失控。

（3）接纳界限被打破的现实，寻找方法加强自控

当自我控制的界限被打破之后，我们首先应该做的是调整好自己的心态。比如，有些人会觉得这是自我控制失败的表现，继而对整个自我控制过程失去信心，放松或者放弃自我控制。

我们应该接纳自我控制界限被打破的现实。自我界限被打破是很正常的事情。有时候，它的出现是因为一些意外因素，有时候是迫于压力，而有时候则是自控力下降所导致的。在诸多因素的影响下，我们难以避免这种状况的出现。不过，我们可以寻找合适的方法，避免或减轻这种状况对自我控制产生的负面影响。

当自我控制界限被打破之后，我们应该尽量避开那些会诱发我们失控的刺激源。除此之外，我们可以想象一下暂时放松自我控制所带来的后果，来加强自我控制。

4. 借用别人的监督力量

心理观察

储蓄监督实验

别人的监督，也许能够帮你成功控制自己的行为。

4.1 找个人相互监督，好不好

有时候，人们会在自我控制过程中给自己找个“战友”。他们和“战友”有着共同或类似的自我控制目标，执行着类似的自控计划。

> 我有个朋友想要早起锻炼身体，但是却苦于找不到同盟。我问他：“一个人不行吗？”他说：“也不是不行，但是一个人会觉得很无聊，很容易放弃。而有个人一起的话，就可以相互监督，共同进退，那样会坚持得更久。”

这种现象其实很常见，比如很多人在考取某些证书时，都会给自己找个伴儿。不是拉着朋友一起参加，就是加入一个考证的团体。有一个朋友曾经对我说，她的一个朋友为说服她一起参加公务员考试，愿意为她报销整个考试过程中的所有费用。

为什么人们都愿意在进行自我控制时，寻找目标相同或相似的“战友”呢？难道“战友”能够提高一个人的自控力水平吗？下面，我们来看一个实验，看心理学家是怎样研究这个问题的。

4.2 心理实验：说说你的储蓄状况

人是一种群居动物，喜欢生活在群体中。所以心理学家在研究人类的心理现象及其发展活动规律时，也会研究人类在群体中的心理现象。这一类型的心理研究形成了专门的学科：群体心理学。心理学家对群体心理学的定义是：研究结成群体的人们的心理现象、心理活动的社会心理学。

在研究群体心理学的时候，人们发现了很多群体现象，比如从众（指个体受到人群的影响，使自己的知觉、判断、认识上表现出符合公众舆论或多数人的行为方式）、群体极化（指在群体中进行决策时，人们往往会比个人决策时更倾向于冒险或保守，向某一个极端偏斜）、社会助长等。这些群体现象证明群体对个人心理有一定影响力。

那么群体是否会影响个体的自我控制行为呢？对此，有人进行了实验研究。

经济学家费利佩·卡斯特（Felipe Kasr）和斯蒂芬·迈耶（Stephan Meier）等人曾经进行了一些实验，他们对群体中的还贷行为进行了研究。

实验一

实验者以一群从一个非营利组织获得贷款的人为被试。其中大多数是低收入的女人。实验者先将这群被试随机分成两组。然后给予其中一组被试一个免费的储蓄账户，让他们往里面存钱。而对另一组被试，实验者除了给予他们免费的储蓄账户让他们往里面存钱之外，还安排他们定期集会。在集会上，实验者让被试相互宣布自己的储蓄目标，相互讨论储蓄计划的进展。集会每一两周开展一次，其目的是让被试相互监督彼此的还款情况。

一段时间后，实验者将两组被试存下的钱的数额进行对比。结果实验者发现，第二组被试（参加集会的那组被试）存下来的钱几乎是第一组被试的两倍。

从这个实验的结果中，实验者看到了团体监督的力量。但是为了进一步验证群体压力对还贷的影响，实验者进一步展开了后续研究。

实验二

这个实验与上述实验的内容基本相同。只不过，实验者没有再让被试进行集会，被试也没有机会再讨论储蓄进展和她们的储蓄目标。而是实验者定期给被试发送短信，向被试报告她们自己以及团体中其他人的储蓄计划进展。

在一段时间后，实验者检查这些被试的储蓄情况。结果，得到了和上述实验相似的发现。定期接收到短信的被试比没收到短信的被试存下的钱更多。这证明，这种方法和集会一样，能够促进个体坚持省钱、存钱。

4.3 实验结论：同伴的监督有利于个体坚持对自己的控制

实验者认为，集会和短信都能起到监督的作用。综合两个实验的结果，我们可以得知是两者共有的监督作用促使被试坚持省钱、存钱。因此，实验者得出了以下结论。

> 结论：群体的监督压力有利于个体坚持储蓄，帮助个体还贷。

虽然这个实验是经济学家做的，研究的也是群体压力对个体存钱还贷的影响，但是心理学家从这个实验中看到了群体压力对自我控制的影响。

存钱还贷对于低收入的人来说，是一件需要克服困难才能坚持做的事情。因为他们的欠款本来就是收入不多，或不合理消费等因素导致的。所以让他们存钱还贷，需要他们在行为习惯上做出一定的改变。有可能是通过加大工作量来增加收入，也有可能是改变自己的消费习惯，过节俭的生活。无论是哪一种方式，都需要个体的意志力参与，需要个体的坚持。可见，存钱还贷对于上述被试来说，是一种自我控制行为。因此，心理学家认为，这个实验的结果表明了群体的监督有利于个体进行自我控制。

4.4 自控策略：合理利用群体和同伴的监督力量

从上述实验结果，以及心理学家的分析中，我们可以获得以下启示。

（1）合理借用他人的力量进行自我监控

心理学家经常利用群体成员相互监督的方法，来帮助一些人戒烟、戒酒等。心理学家往往会介绍戒烟者相互认识，并使他们组成一个小团体。然后，心理学家每隔一段时间就让他们聚在一起，让他们讨论自己戒烟的进展、感受及戒烟方法。这可以让戒烟者从他们的同伴那里获得支持，加强他们的自控力。

这种方法除了可以被用在戒烟、戒酒等戒断行为上，还可以被用在其他方面的自我控制过程中。比如，我们可以在减肥过程中寻找一些志同道合的人，与之组成一个群体，每隔一段时间进行交流讨论，了解彼此的进展和体验，甚至可以一起执行减肥计划。这样，不但能够提高整个减肥过程的乐趣，还能够有效地利用别人的监督力量，监控自己的减肥过程，从而使我们能够坚持执行减肥计划。

（2）加大自我控制过程中的监控力度，及时反馈和调节

我们在前文曾提到，自我控制过程需要和有效的自我监控结合到一起。因为只有这样，我们才能对反馈得到的监控结果进行调节与控制。

上述实验中，当有人监控被试的储蓄计划进展时，被试存的钱会更多。我们由此可以得知，监控过程对自我控制来说非常重要。

有效的监控和反馈可以让个体及时得到自我控制过程中的信息，并做出相应的调整。这有利于加强个体自我控制的灵活性，使整个自我控制计划更容易成功。

不过，很多人在自我控制时，都忽略了监控与反馈的重要性，监控和

反馈不及时，从而导致自我控制适应性降低，给人带来更多的负面体验，让自我控制变得更加艰难。

5. 是分摊，还是集中叠加

心理观察

日历实验

5.1 分摊的方法

我有一个朋友，她的计算方法和别人很不一样。她习惯将某些事情分摊到每一天来看。我有一次和她一起去逛商场，我在化妆品专柜看上一套非常贵的护肤品。不过因为它实在是太贵了，所以我一直犹豫是否要买。

这个问题到了朋友那里就变得不再是问题。她说："这些东西你每天都会用，将你要花的钱分到每一天，那你每一天花的钱也就不多了。"我一听，感觉确实是这样，于是我毫无心理负担地把价钱很贵的护肤品买了下来。

不过，事后再想到这套护肤品的价格时，我的心理负担一下子又重了。之前，我可没有买过这么贵的护肤品呀！

可见，当考虑一件事情的角度不一样时，得到的结果就会不一样。人们在控制自己的言行时，也会出现这种问题。

比如，节食的人在遇到美食诱惑时，假如只考虑这一次摄入的热量，会觉得这对整个节食计划没有多大的影响。但是，假如他将这次面临的诱惑与许多诱惑叠加在一起考虑，就会发现这一次面临的美食诱惑对自己的节食计划影响很大。可见，将事情分摊和将同类事情的影响集中考虑，将会产生两种不一样的结果。

在心理学领域，有一个实验能够证明这种现象的存在。

5.2 心理实验：日历背后的秘密

在对自我控制过程的研究中，米塞斯（Myrseth）和菲斯巴赫（Fishbach）两人提出了自我控制过程的两阶段模型，将自我控制过程分成了矛盾识别阶段与自控策略选用阶段。其中矛盾识别阶段是指个体面对诱惑时，鉴别自己当前的放纵和追寻的目标之间是否存在矛盾。

个体能否成功地在诱惑面前识别出矛盾，与两个因素有关——宽度和一致性。

其中，宽度是指个体对诱惑的大小的估计。当个体面对一个诱惑的时候，如果将类似的多重诱惑放在一起考虑，个体考虑到的宽度就比较大，个体也能更容易地识别出当前诱惑与目标之间的矛盾。比如，减肥者面对一块巧克力的时候，假如他只考虑这一块巧克力对减肥计划的影响，就会觉得影响很小。但是，假如他看到的是这一块巧克力后面代表的一堆巧克力类的高热量食物对减肥计划的影响，那么他就会更容易地识别出矛盾。

一致性是指个体在面对诱惑时，对自己再次遇到的这种诱惑时反应的判断。主要是判断是否会出现一致的行为反应。比如，减肥者在这一次面对巧克力时无法拒绝，那在其他任何时候是否同样也无法拒绝呢？

从这个理论中的观点来看，个体将可能重复出现的诱惑放在一起考虑，可以促进个体在自我控制过程中对自我控制矛盾的识别。有一个非常经典的实验可以证明这一点。

在实验中，实验者选择了一些具有健康意识的人作为被试，测量他们的薯片消费量。

实验中，实验者准备了两种日历。第一种日历中的一个月的每一天都被格子分开，且实验者在日历上将实验的日期做上标记。第二种日历是没有格子隔开的日历，而日历上实验的日期也没有特殊的标记。

实验者将两种日历随机分配给被试，每个被试一本。实验者的设想是，因为第一种日历将每一天都隔开了，所以很容易诱发被试单独考虑每一天所面对的诱惑；相反，因为第二种日历没有将每一天隔开，所以被试容易将一个月要面对的所有诱惑叠加在一起考虑。

实验者在对比两组被试的薯片消费量后，发现拿到第一种日历的被试比拿到第二种日历的被试吃了更多的薯片。

实验者让两组被试对实验过程中的自我体验进行了测量和对比。这个过程结束后实验者发现，拿到第一种日历的被试比拿到第二种日历的被试体验到更少的自我控制矛盾。

综合这两种数据，实验者认为，拿到第一种日历的被试因为识别到的矛盾较少，所以他们消耗了更多的薯片。

5.3 实验结论：多重诱惑的叠加考虑，有利于我们发现自控力矛盾

实验结果验证了米塞斯等人关于多重诱惑与矛盾识别的观点，实验者得出了以下结论。

> 结论：个体将多重诱惑放到一起考虑，可以促进个体对自我控制矛盾的识别，加强个体的自我控制。

5.4 自控策略：将多重诱惑放在一起考虑

实验结果表明，在个体面对诱惑时，宽度对个体识别自我控制的矛盾

非常重要。从中我们可以获得启示：当我们面对诱惑时，可以通过将多重诱惑放在一起考虑，来增强我们对诱惑的抵抗力。我们可以通过一个假设的例子来说明这个道理。

> 假如你正在完成一个枯燥的、耗费时间比较长的任务。在完成任务期间，你受到了自己的休闲欲、睡眠欲、交往欲等欲望的诱惑。这时，假如你认为："整个任务的完成时间很长，这一次偷懒对整个任务没有多大的影响。"那么你从偷懒与坚持完成任务之间体验到的矛盾就会变得模糊。继而，你就会倾向于满足自己偷懒的欲望。
>
> 相反，假如你认为："每天都这么偷懒，会导致总的偷懒时间很多，而真正用来完成任务的时间变少。"那你就会意识到，偷懒会对任务的完成产生很大的负面影响，这有可能导致你无法及时完成任务，或完成任务的质量下降。这样，你所体验到的偷懒和完成任务之间的矛盾就会锐化。而你也就会倾向于克制自己的欲望。

可见，将多重诱惑放在一起考虑，是一种在诱惑面前加强对自我控制的好方法。我们可以借鉴这个方法，来加强对自己的行为控制。比如，在写自我控制日记时，我们可以借鉴实验中不对具体日期进行分隔的方法，来加强自己对自我控制过程的整体感。

6. 下一次，你会怎么选择

心理观察

胡萝卜与巧克力的选择实验

6.1 真的只是放纵这一次而已吗

在进行自我控制时，你是否产生过这样的想法：就放纵这一次，从明天开始就好好工作或好好学习。

> 你发现接下来的工作任务很重，在时间有点紧，所以你计划在周六、周日加班。但是周六时，你发现自己非常不想工作。起床的时候，只想好好再休息一下；吃完早饭后，只想玩玩游戏、看看小说，来放松一下。这个时候你可能会想：今天就先放松一下自己，明天再努力工作。大不了在工作日的时候不再偷懒，好好工作，估计也能够完成。于是，你在这种想法之下放弃加班，顺从了自己的欲望。

其实，很多人在自我控制过程中都有过类似的体验。他们都会想：反正也就这一次，以后管好自己，不再放纵自己就行。

但事实上，当人们再次面对诱惑时，依然很难拒绝，很有可能做出同样的行为反应。比如，你在周日再次面对休闲欲望时，可能会想：工作日再好好地专心工作吧！

因此，当你面对诱惑说出“就放纵这一次”的时候，真的只是放纵这一次吗？你能够保证下一次面对诱惑时，能够控制自己、拒绝诱惑吗？

6.2 心理实验：呈现方式的引导意义

我们在前文中提到的问题，其实是面对诱惑时行为的一致性问题，这在米塞斯和菲斯巴赫的阶段理论中，是矛盾识别的相关因素之一。另一个因素是宽度。

在前文中，我们通过心理学家的实验证明了宽度对矛盾识别的影响。而关于一致性对矛盾识别的影响，也有心理学家提出了自己的观点，并进行了相应的实验研究。

> 菲斯巴赫等人的观点是，当个体强调目标的追寻时，个体就会想

到面对诱惑时自己行为的一致性，并更倾向于采取自我控制策略。而当个体将目标和诱惑放在一起权衡考虑时，个体就倾向于考虑暂时先满足自己的欲望，再去追寻自己的目标。而不会考虑面对所有诱惑时行为的一致性。

实验中，他们将代表健康的胡萝卜和代表不健康的巧克力，以两种方式呈现给不同的被试，并要求被试在两种食物中选择一种。其中一种方式是将胡萝卜和巧克力分开放在两个碗里，另一种方式是将两者放在同一个碗里。

实验者设想，分开呈现时，个体会更加清楚地看到两种食物代表的不同健康目标，即胡萝卜代表健康，巧克力代表不健康；而同时呈现时，这种不同的健康目标就会被弱化。个体看到的将是两种食物之间的相互补充。因此，实验者猜想，在两种食物一起呈现的条件下，个体应该会更加难以看到巧克力和健康目标之间的矛盾，更倾向于选择巧克力。

最后，实验者统计两种不同的呈现方式下选择胡萝卜和选择巧克力的人数。实验者发现分开呈现条件下选择胡萝卜的被试人数更多。

6.3 实验结论：强调自己追寻的目标，有利于个体识别自我控制矛盾

实验结果证实了实验者的猜想，因此，实验者得出了以下结论。

> 结论：当目标清晰时，人们更加有动力进行自我控制。而当人们将目标和诱惑放在一起权衡考虑时，他们自控的动力会减弱。

这个实验和前一节的实验，都解释了人们在面对诱惑时的行为选择与

自我控制，而它们在解答其他方面的自我控制问题（比如思维、情绪上的自我控制）时存在一定的缺陷。因此，这些实验证实的观点受到了一些心理学家的批评。

6.4 自控策略：将自己的目标和面对的诱惑分开考虑

从上述实验中，我们可以获得启示：在自我控制的过程中，为了加强自我控制的动力，最好将自己的目标和面对的诱惑分开考虑。

> 假如你在执行一个身体锻炼计划。计划执行中途，你非常想偷懒，你想要通过休息放松一下自己。比如，今天你不想去锻炼了，想要在家里玩游戏。
>
> 按照菲斯巴赫的观点，这个时候，假如你考虑到锻炼自己的身体是为了保持身体健康，而在家里玩游戏是让你身体朝着不健康的方向发展的行为，比如电脑辐射对身体不好，玩电脑会占用锻炼身体的时间等。你将会更加明确自己对健康目标的追寻，从而拒绝在家里玩游戏的诱惑，坚持执行自己的身体锻炼计划。
>
> 但是，假如你将在家里玩游戏与坚持身体锻炼计划放在一起考虑，并认为玩游戏和锻炼身体是影响身体健康的两种活动方式。你将会难以意识到自己是在面对一个难以拒绝的诱惑，而在下次、再下次面对这个诱惑的时候，你依然会难以拒绝。你可能会觉得在坚持锻炼的同时，也需要适当地休息和放松。从而，你就更容易做出在家玩游戏的选择。

因此，从这个理论来看，我们在进行自我控制时，可以将面临的某些诱惑分开来看。不要将它看作我们行为控制中的一部分，而是将它看作与我们的自我控制目标相反的另一部分。这样有利于我们坚持自我控制。

从菲斯巴赫等人的理论中，我们还可以得到另一个启示：加强自己面临诱惑时行为一致性的意识，可以帮助我们加强自我控制。

很多人因为无法正确地估计自己在面对诱惑时的一致性行为，从而在面临诱惑时，更加难以控制自己抵抗住诱惑。比如，我们在前文中所说的，人们在面临诱惑时，出现的“只放纵这一次”的想法，就是对自己行为一致性的估计。只不过，他们认为自己下一次能够成功地拒绝诱惑，而不相信自己还会做出同样的选择。

但事实上，大多数人再次面临诱惑时，依然不具备足够的抵抗力。因此，在面临诱惑时，不要低估自己行为一致性的力量。适当地认识到自己下次还会有同样的行为，有利于我们成功地抵抗诱惑。

在节食计划中面临巧克力的诱惑时，假如你能想到“如果这一次拒绝不了诱惑，那么下一次、再下次我都拒绝不了诱惑”，就会加强自己拒绝诱惑的信念。

第7章

用计划打败拖延

改变拖延的习惯，否则，它会让你的计划成为空谈。

1. 即使拖延，也逃不开决策

心理观察

拖延决策的相关研究

1.1 人们习惯拖延决策吗

“拖延症”是时下的流行词，而且越来越多的人患上了这种“流行病”。在做决策时，很多人有拖延的毛病。决策上的拖延一般表现在两个方面：一方面，决策者尽量拖延决策的时间，不到最后期限不做决策；另一方面，决策者是在逃避做决策，内心期望着最好有个人出现来帮忙做决策。

拖延决策不是个好习惯。决策者越拖延，就会越不想去考虑相关的问题。决策者会将面临的问题搁置在一边，直到避无可避时才随便做出决策。这样的决策通常很难令人满意。也许偶然几次，这样的方式恰好让我们做出了好的决策。但是，这样的幸运并不会如影随形。更多时候，这个习惯让我们的决策失败，或者会让原本简单的选择变得更加复杂。因此，当人们需要做决策时，只想着逃避、拖延而不是主动解决问题的做法是非常不可取的。

正因为如此，一些心理学家开始研究人们习惯拖延决策的原因。那么，拖延决策的习惯与哪些因素有关呢？接下来，让我们来看看心理学家的实验，从实验中来找寻问题的答案。

1.2 心理实验：拖延决策的相关因素

在《万恶的拖延症》一书中，作者约瑟夫·费拉里介绍了与拖延决策有关的实验。

实验一：竞争力、紧迫感与决策

费拉里和纽约州立大学的学生艾菲特共同进行了一项关于影响因素的实验。他们提出的实验假设为，因为习惯拖延决策的人在竞争力与时间紧迫感上要比习惯果断决策的人弱，所以在决策中会有拖延的行为。

研究人员在对近百名被试进行了观察与记录后发现，这些被观察的对象并不像实验假设中所提及的那样。他们在竞争力和时间紧迫感上与习惯果断决策的人并没有什么不同，而且他们也可以很好地完成任务。

实验二：速度、准确度与决策

费拉里和耶鲁大学的戴维博士进行了第二个影响因素研究。他们的研究目的是探究习惯拖延决策的人对速度与准确度的把握情况，以及其与习惯果断决策的人是否存在差别。

在实验中，被试的任务是分配纸牌。首先，被试需要将纸牌按照颜色（红、黑）分开。然后，他们需要将已经分开的纸牌再次按照其不同的花色（黑桃、红桃、草花、方片）分开。在任务进行过程中，研究人员还安排被试同时完成另一项任务：在最初的数次实验中，每当被试面前的白灯亮起时，被试就需要去按面前的按钮；当实验进行了一定次数时，研究人员会增加一个红灯，即当白灯亮起，被试需要按按钮，当红灯亮起，被试则无需按按钮。

研究人员会记录被试完成纸牌分配的时间与准确性。

研究人员发现，在完成任务时，习惯拖延决策的被试在面对这样的选择任务时，依然可以完成得很好，而且他们的表现与习惯果断决策的人并没有不同。

1.3 实验结论：影响拖延的主要因素是决策者的态度

费拉里研究了有关拖延决策的影响因素，并得出了以下结论。

首先，在竞争力和时间紧迫感这两个影响因素上，习惯拖延决策的人与习惯果断决策的人并不存在差异。这就意味着，习惯拖延决策的人并不是不了解任务的紧迫性和重要性，而且他们也并非懒惰之人。其次，习惯拖延决策的人完全具备果断决策的能力，他们在速度与准确度的把握上与习惯果断决策的人具有相同的水平。这就意味着，习惯拖延决策的人并非不善于做决策的人。

结论：真正影响拖延的主要因素是决策者本身的态度。

1.4 自控策略：直视需要决策的问题

想要改掉拖延的毛病，最根本的方法是改变自己的态度。

研究人员发现，习惯果断决策的人在进行决策时想的是如何解决问题，而习惯拖延决策的人在决策时想的则是如何逃避问题。正是这样的态度差异，使人们产生了不同的决策表现。

如果想要改掉拖延的毛病，那么就要积极地面对问题。至于其他的问题，如决策的结果是好还是坏，都是之后才要考虑的。

这个改变的过程需要每个人付出努力，拿出积极的姿态。如果我们想要改变，却不敢迈出最重要的一步，那么任何高超的技巧都是枉然。在这里，我们借用一句深富哲理的话："没有人能够叫醒正在努力装睡的人。"

2. 左顾右盼，最终什么也得不到

心理观察

布利丹效应

左顾右盼和犹豫不决的结果就是错失良机。

2.1 为什么犹豫的毛驴吃不到草

犹豫不决是最常见的决策习惯。出于各种原因，人们常常在选择上出现徘徊不定的情况：我应该如何选择？我应该选择哪一个？我是就此停下满足于现状，还是继续前行寻找新的选择？一个又一个未知不断困扰着人们，让人们犹豫不决。

心理学将人们在决策中犹豫不决、难做决定的现象称为“布利丹效应”。布利丹效应，也叫“布利丹毛驴效应”，其命名源于法国哲学家布利丹的一个寓言故事。

> 一头毛驴外出觅食，发现两堆相距不远的食物——东边是一大堆干草料，西边是一小堆嫩草。看到如此丰盛的食物，驴子特别高兴，立即跑到东边的干草料处。可是，就在它要咬到干草时，它忽然想到：“西边那堆嫩草那么新鲜，肯定更好吃。如果我现在不吃，那么可能很快就会被别的驴吃掉了。”
>
> 于是，它转身跑到西边的嫩草堆前。当它正要吃嫩草时，它又想到：“这堆草虽然很嫩，可是如果别的驴吃光了东边的干草料，我就要

饿肚子了，还是回去吃干草吧！”就这样，驴一会儿考虑质量，一会儿考虑数量；一会儿分析新鲜度，一会儿分析美味度，犹犹豫豫，来来回回，最终，它饿死在了草堆旁。

可见，犹豫不决不是一个好的决策习惯。那么，我们该如何摆脱这种不好的决策习惯呢？

2.2 心理实验：更改答案的选择

在生活中，犹豫不决的现象经常发生。例如，很多人会纠结于是否应该修改第一次选择的答案。长久以来，无论是我们自身的经验，还是身边人的经验，都在告诉我们，第一次选择的答案一般是正确答案，而改正后的答案一般是错误的。

针对这个问题，心理学家提出了不同的见解。他们认为，当我们觉得自己最初的选择是错误的时候，更正选择通常是更为正确的做法。

美国伊利诺伊大学香槟分校心理学院的研究人员在《个性与社会心理学》杂志上发表了这项研究。他们通过调查并综合了过去33项实验研究的发现得出了结论：75%的人认为坚持第一选择会获得最高分数。但是，经过实验分析与总结，研究人员认为，当人们怀疑选择有误时，更正答案获得的分数往往会更高。

2.3 实验结论：当有怀疑的理由时，就可以重新选择

实验结果表明，与其犹豫是否应该做出改变，将时间浪费在犹豫不决上，不如直接改变。

结论：只要有怀疑的理由，我们就可以重新做出选择。

是什么原因导致了人们在选择中犹豫不决呢？

（1）原因一：完美化的最优原则

不仅什么都想要，而且还想要最好的。其实，持有这种心态的人反而得不到自己最想要的。贪得无厌就是人们在精挑细选之后得到不尽如人意的结果的原因。与其顾全面，不如只顾一点。也就是说，在做决策时，只要满足我们最想满足的标准就可以了。只有这样，我们才能从选择中获得满足感。

（2）原因二：没有条理，乱七八糟

导致犹豫不决的另一个原因是根本不了解情况，或者说所有情况都可以用一个字来概括：乱。情况是乱的，思维是乱的，情绪是乱的，乱上加乱的还有决策的最终时限也在临近。于是，在种种不利因素的催促下，人们不知道该如何进行选择。

很多人在选择上犹豫不决，并不是纠结于第二次选择是否正确，而是纠结于自己是否应该做出改变。如果面对选择，我们依然毫无头绪，那么不如坚持第一选择；如果我们已经有了怀疑选择的想法，那么不如坚持自己的想法，改变最初的选择。

2.4 自控策略：不追求完美，保证满意最大化

每个人都可以从自己的生活出发，找到自己犹豫的根源所在，再对症下药。为了帮助人们消除犹豫不决的毛病，心理学家提出了以下策略。

（1）策略一：按兵不动是最坏的选择

无论我们是否进行选择，都会面临风险，而最危险的决策莫过于原地不动。原地不动就意味着决策人将主动权全部交到了他人手上，从而浪费了手中的资源。因此，与其犹豫不决、被动接受，不如寻找合适的时机，放手一搏。

（2）策略二：鱼与熊掌只能取其一

完美主义并不合适，只要决策中有一方面是我们满意的就是好的选择。

如果我们最在意的方面正好是最满意的一点，那么，这个选择就可以称得上是完美的决策。不要妄想什么都可以顾全，因为那是可望而不可及的美梦。

（3）策略三：不追求利益最大化

选择最合适的而不是最好的，这是个不错的选择标准。我们追求的并不是利益的最大化，因为这通常很难实现。与之相比，个人满意度最大化是比较好的选择。我们只有知道什么是适合自己的，才能做出正确的决策。

3. 拖延症，越拖越累

心理观察

论文实验

3.1 拖延会对我们产生什么影响

> 从书市买来一大堆书，想要提高自己，但结果这些书却只起到了填充书架的作用；从体育用品店买来一副昂贵的羽毛球拍，想要锻炼身体，结果这两支球拍却只起到了装饰墙壁的作用；给自己制订了一个完成任务的计划，准备监督自己提前或按时完成任务，结果还是拖到最后一天才匆忙完成。

相信很多人都有过与以上情形类似的经历，对计划完成的事情、需要完成或想要完成的事情，总是一拖再拖。

还记得曾在网上看到过一张很有意思的图，画的是一张暑假时间和暑假作业完成量的函数图。图上显示，整个暑假前面四分之三的时间，暑假作业完成量几乎都为零，到了最后四分之一的时间，暑假作业完成量才逐渐缓慢上升，直至暑假的最后两天，暑假作业完成量急速上升并到达顶点。

我们从这张图上，可以很明显地看出拖延对任务完成的影响。而生活中，很多人都受过拖延之累。人们总是将事情不断地往后拖，直到最后不得不完成。

这种拖延习惯的影响就是：一个人最后几天的工作量特别大，而且任务完成质量降低。

对此，有心理学家做了一个实验进行研究。接下来，我们就来看看这个实验，从实验的角度来探索一下拖延会产生什么样的负面影响。

3.2 心理实验：你选择什么时候交论文

心理学上关于拖延症的研究非常多，因为拖延症对人们任务的完成和计划的执行都存在很大的负面影响。以下这个实验说明了拖延症对任务完成质量的影响。

2002 年，克劳斯·韦滕布罗赫（Klaus Wertenbroch）和丹·艾瑞里（Dan Ariely）做了一个实验。实验以大学生为被试，实验者将被试分成了 A 班、B 班和 C 班。

实验者要求被试在 3 周内完成 3 篇论文，并告诉他们，假如他们过期不交，则将得到 0 分。

除此之外，实验者对 A 班的同学说，他们可以在 3 周的最后一天上交这 3 篇论文；对 B 班的同学说，他们需要自己预先安排好每篇论文的上交时间，并将这个时间报告给实验者，然后按照这个时间上交每篇论文；对 C 班的同学说，他们在每个周末时，必须上交一篇论文。

在被试将论文都上交后，实验者对论文进行评分，并将三个班被试的论文成绩进行比较。实验者通过比较发现，三个班级中C班的论文最好，其次是B班，论文成绩最烂的是A班。

3.3 实验结论：拖延会影响任务的完成质量

根据上述实验中三个班的学生被试论文所得的分数情况，实验者得出了以下结论。

> 结论：拖延会影响任务完成的质量。一般情况下，拖延到最后时累积的任务量越多，任务完成的质量也就会越差。

3.4 自控策略：不要将事情都拖到最后才做

其实，从生活中拖延的表现可以看出，它对工作任务计划的顺利实施以及任务的完成会产生非常大的阻力。因此，想要控制自己、让自己按照计划安排完成任务，非常有可能会让你和拖延心理对抗。我们只有在战胜拖延的情况下，才有可能按照计划较好地完成任务。

将这种现象和上述实验所得实验结果相结合，我们可以得到启示：不要将事情拖到最后才做。将任务拖到最后再完成，会影响任务的完成质量，并且拖得越严重，任务的完成质量就越差。

怎样才能减轻或避免拖延对任务完成质量的影响呢？我们可以借鉴实验中的一些方法。

实验中的被试同样是在3周之内完成3篇论文，但是因为上交的方式不一样，所以最后上交的论文质量也不一样。由此，我们也可以通过分段完成工作任务来提高任务完成的质量，减轻拖延的负面影响。

除此之外，我们还可以利用一个小技巧“骗”一下自己，让自己提前完成任务。比如，本来任务完成时间是一周，但是你可以“骗”自己任务完成时间只有 4 天，并在 4 天之内抓紧时间将任务完成，然后在剩下的 3 天里，对自己已完成的工作任务进行适当的修正。

每当按时且较好地完成工作任务时，你可以给自己一些小小的奖励。这样可以强化你按时完成工作任务的行为，从而培养出按时完成任务的习惯。

4. 拖延之累，究竟为何

心理观察

电影选择实验

4.1 为什么我们总是在拖延

很多年前，诺贝尔经济学奖得主乔治·阿克洛夫（George Akerlof）还居住在印度时，他的一位美国的朋友来看望他，并将一箱衣服遗落在他家。阿克洛夫很想将它们邮寄给朋友，但是他整整拖了八个月后才做了这件事。

阿克洛夫觉得这是一件麻烦事，于是他一周又一周地推迟处理这件事情。最后，因为阿克洛夫另一个朋友也要寄一些东西到美国，他才将朋友的那箱衣服连带着一同捎回去。而这个时候，阿克洛夫自己都快要回美国了。由于国际邮件的不稳定性，阿克洛夫将有可能比这箱衣服更早到达美国。

这个故事会让很多人感到安慰：就连诺贝尔经济学奖得主也会拖延！生活中，很多人都有拖延的习惯。这种习惯，让人们总有一大堆未完成的事情。这些事情或大或小，时时刻刻折磨着人们的内心。

是什么原因导致人们产生的拖延行为呢？对此，心理学家进行了相关的实验研究。下面来看一项实验。

4.2 心理实验：哪种电影最受欢迎

心理学家在对拖延症进行研究时发现，人们的拖延行为受其即刻满足的心理影响。即刻满足也称为“及时心理倾向”，它指个体在满足自己的欲望时，因为对未来不确定因素的怀疑，倾向于马上就满足自己欲望的心理以及行为。

1999 年，里德（Read）和洛温斯坦（Loewenstein）等人对拖延症进行了一项实验研究。

实验者招募了一批被试，并让他们从 24 部电影中选出他们自己感兴趣的 3 部。这 24 部电影是实验者专门为实验准备的。其中有《辛德勒的名单》和《钢琴家》这样的经典电影，也有《西雅图不眠夜》和《窈窕奶爸》这样符合大众口味的电影，还有《变相怪杰》和《生死时速》这样通俗的电影。这些电影在思考深度、娱乐性上有一定的区别。实验者此举的目的是，知道被试是愿意看娱乐性较强但是没什么深度的影片，还是愿意看有内涵但更费脑的影片。

从被试的选择结果中，实验者发现，经典的《辛德勒的名单》出现在了大部分被试选出的电影名单之中。

当被试把电影选出来后，实验者让被试从 3 部电影中选出一部立即观看，再选出一部在两天后观看，最后留一部电影在 4 天后观看。

实验者对被试的安排进行了统计。从统计结果中，实验者发现，大部分被试都选择在第一天观看《变相怪杰》和《生死时速》这种不费脑的娱乐性电影；63% 的被试在安排第二部电影时，选择观看品位更高的片子；71% 的被试在安排第三部电影时，选择观看品位最高的片子。而选择的 3 部电影中有《辛德勒的名单》的被试中，只有 44% 选择在第一天观看它。

这个实验之后，实验者还进行了后续研究。实验者要求被试在所有的电影中选出 3 部，并让他们连续看完。结果实验者发现选择《辛德勒的名单》的被试只有之前的 1/14。

实验者对实验所得结果进行了分析。《变相怪杰》和《生死时速》是娱乐性比较强、能够满足观众的娱乐休闲欲望的影片。《辛德勒的名单》则是一部有思考深度，对观众的智商要求比较高的影片。与《变相怪杰》和《生死时速》相比，《辛德勒的名单》对观众的娱乐休闲欲的满足程度较低，但对于个体脑力的消耗量较大。因此，被试选择在第一天观看《变相怪杰》和《生死时速》这类的影片，而将《辛德勒的名单》这类的影片放在后面，这体现了被试想要及时满足自己的娱乐休闲欲望的倾向。

4.3 实验结论：个体欲望满足存在及时倾向

从实验中，心理学家得出了以下结论。

> 结论：个体在满足自己的欲望时，有及时满足的倾向。

很多研究拖延症的人都认为，个体对自身欲望满足的及时倾向是导致个体出现拖延现象的主要原因。

4.4 自控策略：克服及时满足，学会延迟满足

我们从上述实验中可以得知，想要克服拖延，就需要战胜自己及时满

足的心理，学会延迟满足。

从生活经验中，我们也会发现，人们在拖延的过程中，大多是在满足自己的某种欲望，比如娱乐休闲欲或是睡眠欲、交往欲等。比如，人们把工作时间拿来上网、和别人聊天，从而将应该完成的工作延后。

这就像是一种时刻存在的诱惑，它总是诱惑着你放下应该做的事情，先满足自己放松的欲望。假如你在完成某件事情时，能够控制自己、抵制这种诱惑，那么你就能够控制自己坚持完成应该做的事情。比如，在工作时，控制自己"及时满足休闲欲望"的倾向，抵抗休闲娱乐的诱惑，就可以有效地控制自己，而不会拖延应该完成的工作任务。

可见，想要控制自己不拖延，就需要克服自己在满足欲望时的及时倾向，锻炼自己的延迟满足能力。

5. 不要让拖延成为你的借口

心理观察

自我妨碍实验

5.1 有人说，拖延只是一个借口

有些有拖延习惯的人，在任务完成之后曾这样想过："都是因为我拖延，任务完成状况才会这样，要是我不拖延，我肯定会完成得更好！"或者会说："看看，即使之前耽搁了很多天，我还是在短时间内把事情做完了！"

这些想法很多人都有过，尤其是当任务完成质量不好的时候，人们更容易出现这种想法。总之，人们就是不愿意将原因归结到自己的能力上。所以，有人说拖延其实是一个借口，一个掩藏自己能力不足或害怕失败的借口。

有一个朋友曾经说过她的男朋友平时有点懒散，应该完成的任务总是拖到最后才做。有一次，她男朋友要考取一个证书，但是在复习时一直拖延。朋友说："他就是害怕自己考不过，所以干脆不给自己机会考过！"

拖延究竟是不是人们找的一种借口呢？接下来，我们来看两个实验，从实验中我们会得到想要的答案。

5.2 心理实验：你会自我阻碍吗

心理学家发现，很多人往往在关键时候更容易出问题，比如在会议发言的时候忘记带演讲稿。大多数人都认为，这种现象是由于个体焦虑造成的。不过，有心理学家却提出了新的看法，他们认为除了焦虑这个原因之外，人们的自我妨碍心理也会导致这种现象的产生。

自我妨碍又称"自我设阻""自我设限"，它是指个体通过一系列行动或想法让自己摆脱责任。心理学家认为，有时候，个体在关键时候出问题是因为害怕失败，从而"故意"让事情变得不顺利，以便当事情真的失败时摆脱自己的责任。

在对拖延症进行研究时，心理学家认为，自我妨碍也有可能是出现拖延行为的原因之一。

实验一

史蒂文·博格莱斯（Steven Berglas）和爱德华·琼斯（Edward E. Jones）针对自我妨碍进行的研究比较多。

他们曾经招募被试，让被试做一些非常难的、基本无解的题。在被试做完题之后，实验者将他们的答卷都收起来。然后，实验者告诉被试，他得到的分数是到现在为止的最高分。

被试听到之后很高兴，而实验者再次告诉被试，在接下来的任务开始之前，被试需要从“聪明药”和“傻瓜药”之中选择一种吃下去，其中“聪明药”促进大脑思维，而“傻瓜药”则会干扰大脑的活动。事实上，这两种“药”对大脑思维不存在任何影响，实验者只是想要知道被试会选择哪种“药”。

在统计被试的选择结果后，实验者发现大部分被试都选择了“傻瓜药”。

实验二

在另一个实验中，实验者先将被试随机分成两组，并让两组被试进行一些测试。测试时，实验者对其中一组被试添加各种干扰（噪声等）。而另一组被试则在正常的环境中进行测试。

测试结束后，实验者让被试休息一段时间，再接着进行另一场测试。实验者观察两组被试在休息时间的表现。实验者发现，在上一个测试中受到干扰的被试大部分都在悠闲地玩耍；而没有受到干扰的那组被试，则大部分都在为下一场测试做准备。

5.3 实验结论：个体存在自我妨碍心理

从实验中，心理学家得出了以下结论。

> 结论：个体存在自我妨碍心理，这种心理倾向会导致个体对待任务不够积极，故意在自己完成任务时设置阻碍。

心理学家认为，自我妨碍心理可能也是拖延症的一个原因。个体因为害怕失败所以故意拖延。这样就可以在任务完成质量不是很好时，把原因归结到时间太短上面；或者，当任务完成得比较好时，从中获得一种成就感。

5.4 自控策略：不要预先为自己找借口

拖延是人们在自我妨碍心理的驱使下，为事情失败所找的借口。因此，某些时候我们需要控制自己的自我妨碍心理，来控制或战胜自己的拖延症。

人们在生活中经常会遇到一些没有把握的事情。在完成这些事情的时候，个体很容易出现自我妨碍心理及行为，借此摆脱失败的责任。而拖延，就是自我妨碍的一种表现形式。因为拖延使人们可以在事情失败时，将理由归结为时间不够。

因此，要想克服拖延的坏习惯，我们要先摆脱自我妨碍心理。比如，当我们要完成某项任务时，我们可以提醒自己，不要把拖延当作借口，从而让自己不再拖延，按时完成任务。

6. 不要让你的计划看不到头

心理观察

界碑实验

看得到奋斗的目标，才会有行动的动力。

你要给计划设定合理的目标。

6.1 应该给计划设定多少个目标

当我们实施一个计划时，一般都会有一个计划目标。比如早上六点钟起床锻炼身体的计划，目标是让身体更加健康。有时候，我们的计划中还不止一个目标，有长期目标和短期目标，还有总目标和二级目标。

生活中，很多人都有自己的储蓄计划。这个计划的长期目标是在若干年后存款达到某个数，或某个时候给自己买套房子或买辆车。而这个计划的短期目标可能是今年存多少钱、每个月应该存多少钱。

有目标才有动力，给自己的计划设定相应的目标，具有驱动人们去执行计划的作用。除此之外，很多人将目标比作航行中的“灯塔”，来说明目标为人们指引了前进的方向。

一个计划可以有很多个目标，这些目标都具有指引和促使人们付出行动的作用。因此，怎样设置这些目标，又成了新的问题。

很多心理学家表示，目标的设置将会极大地影响人们行为的积极性，以及人们是否能够坚持执行某个计划。这个观点是否正确？事实又究竟是怎样的呢？接下来，让我们来看一个实验。

6.2 心理实验：前进路上的里程碑

有一个心理学家为了研究“目标对行为坚持的影响”而设计了一个实验。实验中，实验者将参加实验的被试随机分成三组，然后让他们分别跟着“导游”步行走向一万米以外的三个村子。其中，“导游”是实验助手扮演的。

对于第一组被试，实验者不告诉他们村庄的名字，也不告诉他们路程有多远。只让他们跟着“导游”走。他们走的路上也没有任何里程碑。

对于第二组被试，实验者告诉他们：村庄的名字和路程的长度。但他们走的路上一样没有里程碑，他们只能凭经验估计行程时间和距离。

对于第三组被试，实验者不但告诉他们将要去的村子的名字，以及将要走的路程的长度，还在路上放置里程碑（每隔一千米就有一块）。

实验助手带着三组被试分别向三个村子出发，路上偷偷观察记录被试的行为表现。结果，第一组中有被试在刚走了两三千米时，就开始叫苦。当走了一半路程时，就有被试开始变得愤怒，并向“导游”抱怨他们为什么要走这么远，何时才能走到一半，而且这种愤怒的消极情绪越来越严重，后来甚至有人坐在路边不愿意再跟着“导游”走。

第二组被试的表现比第一组被试要好一点。他们走到一半时，大多数人开始想知道他们已经走了多远。而被试中那些比较有经验的人则一直在计算时间和路程，他们回答前面那些提问的人：“大概走了一半的路程。”于是，第二组被试又开始簇拥着向前走。当第二组被试走到全程的四分之三时，有人开始变得情绪低落、疲惫不堪、觉得前面的路程似乎还很长。但是，当被试中有人说“快到了”的时候，大家又重新振作起来，并加快步伐向前进。

第三组被试的情况最好，他们一边走一边看里程碑来计算自己走了多少路程、剩下多少路程。每当他们到达一个里程碑，也就是路程缩短一千米时，被试中便会出现一小阵的快乐的氛围。第三组被试还会在行程中用歌声和笑声来消除疲劳，他们的情绪一直很高涨，而且很快就到达了目的地。

6.3 实验结论：合适的目标能够激发个体的积极性

从实验中，心理学家得出了以下结论。

> 结论：合适的目标能够激发个体的积极性。

6.4 自控策略：给自己的计划设定合理的目标

我们从上述实验中可以得知，当人们在坚持执行某件事情时，既设置了总目标，又在执行过程中设置了合理的二级目标时，个体的行为积极性会更高，在执行计划时的意志力也会更强。

由此，我们可以获得启示，当我们在给自己制订计划时，一定要注意计划目标的设定与安排。在计划的总目标之下，我们应该合理地设定一些小目标。这些小目标其实就是我们所说的短期目标。

小目标的合理设置，可以让我们在执行计划的过程中，通过达成小目标看到自己与总目标的距离，并从小目标达成的过程中体验到成就感。从而，使我们不会觉得自己之前的行为没有作用或作用太小，不会觉得达到总目标遥遥无期，减轻我们在执行计划的过程中产生的疲惫感。

比如，你给自己制订了一个身体锻炼计划。你计划每天早上六点钟起床出去跑步，跑上 40 分钟后再回家吃早饭。当你没有给这个计划设置小目标，只有一个总目标时，你很容易在坚持锻炼的过程中感到疲惫，难以从中体验到行为的效果。但是，假如你告诉自己："我的第一个目标是坚持一周。"你的想法就会发生改变。你可能会认为："不就是一周嘛，还能坚持不了？"而且，当你坚持一周后，你会觉得很有成就感，因为你成功达到了一个目标。

因此，我们可以适当地给自己的计划加上一些看得见的小目标，不要让这份计划给人一种遥遥无期的感觉。我们的行为不但需要意志力的支撑，还需要成就感以及执行力的支撑。

7. 计划并不是越详细越好

心理观察

学习计划实验

7.1 计划是不是越详细越好

人们常说："凡事预则立，不预则废。"因此，人们在做某件事时，都会先制订一个计划。然后再一点一点地执行计划上安排的内容，直至完成整个计划，达到最终目标。

在前文中，我们曾通过实验说明，良好的计划应该包含合适的小目标。但是这个小目标究竟应该小到哪种程度才合适呢？

这涉及计划步骤的详细程度，即制订计划时，应该将计划的每一步安排做到哪种详细程度？

有人说，计划当然是越详细越好。因为计划越详细，自己就越清楚每一步应该做什么。但也有人提出了不同的看法，他们认为计划不应过于详细。因为计划越详细，对事情的设定也就越严格，这样就会导致计划很容易被打破。

那么计划究竟是详细点好还是笼统点好呢？有心理学家针对这个问题进行了相关的实验研究，我们可以在实验中找找答案。

7.2 心理实验：哪种学习计划更好

实验一

沃思（Joachim Wirth）和他的同事针对计划目标的详细程度对个体所产生的影响进行了实验研究。

在一个实验中，他们选取了200多名平均年龄为15岁的学生作为被试。实验的主要内容是让被试在电脑模拟的实验环境中做一个物理实验。在这个物理实验中，被试需要把不同大小的立方体放入不同密度的液体中，然后对其浮沉情况进行观察。最后，被试需要根据观察记录所得结果画出一张体积、密度、浮力等变量之间的关系图。

实验开始后，实验者先将被试随机分成两组。然后，实验者向被试介绍实验的相关规则，并告诉被试，这个物理实验中一共存在14组变量关系（比如立方体的体积越大，浮力也越大）。实验者要求被试通过物理实验，将它们全部找出来。

不过，实验者给第一组被试设定了详细的实验目标，即实验者给14组变量关系都设定了目标，比如立方体的体积和它受到的浮力有何关系等。被试需要找出问题的答案并记住它。

对于第二组被试，实验者只给他们设定了3个目标，比如为什么有的立方体放在水里会下沉等。被试需要找出问题的答案并记住它。

接着，实验者让两组被试自由进行物理实验。在实验过程中，实验者观察并记录两组被试的任务完成情况。物理实验结束后，实验者测试了被试在物理实验过程中体验到的认知负荷。

结果实验者发现，与第二组被试相比，第一组被试的学习能力较差而体验到的认知负荷较高。

实验二

此外，其他心理学家也对这个问题进行了类似的研究。

在其中一项实验中，实验者选取的被试是一群参加某课程的大学生。实验时，实验者先将被试随机分成三个小组，并分别给他们制订详细程度不同的学习计划。

实验者给第一个小组被试制订的学习计划是最详细的。计划以天为单位，主要包含被试每一天需要学习的内容，以及学习的时间。实验者给第二组被试安排的学习计划则是以月为单位。计划中安排的是这一个月内需要达到的学习目标，以及学习时间。第三组是对照组，实验者没有给他们制订学习计划。他们可以进行自由学习。

制订完计划后，实验者要求被试按照计划进行学习，在此过程中实验者会观察和记录被试的学习情况，以及最后的学习效果。

一段时间后，实验者对比了三组被试的学习状况。实验者发现，三组被试中，月计划组的被试的学习表现最好。和日计划组的被试相比，月计划组的被试的学习态度更积极，对学习计划也执行得更好，而其学习成绩也提高得更多。

7.3 实验结论：计划并不是越详细越好

从实验中，心理学家得出了以下结论。

> 结论：计划并不是越详细越好。过于详细的计划会对计划执行效果产生负面影响。

根据上述实验结果，心理学家认为，过于详细的计划虽然可以让人们明确地知道每时每刻应该做什么。但它也很容易让人们因为这种详细的限制而感到有压力和疲惫。因为当计划越详细时，限制也就越多，所以人们从中体验到的被控制感就越强，越容易产生疲惫感。这样就会使个体执行计划的积极性下降。

7.4 自控策略：计划不是越详细越好，应该详略适度

上述实验告诉我们，在制订计划时，不应该将计划的每一步都制订得过于详细，而应该详略适当。

有很大一部分人认为，计划应该越详细越好，并觉得越是详细的计划，越好执行，因为它可以时时刻刻提醒自己：此刻应该干什么，自己的计划进行到了哪一步。但实验结果告诉我们，事实并不是这样的。

假如一个人的计划非常详细，详细到每一天的每一刻应该干什么，那他在每一天所感受到的自由度就会下降，受限制的感觉就会变强，并且因为生活中总有很多意外，所以过于详细的安排反而更容易被打破。而计划一旦被打破，就很容易让人们从中体验到挫败感和疲惫感，继而让他们从详细的计划中感受到更多压力，无法做好应该做的事情。

因此，想要良好地控制自己去坚持执行某个计划，就应该将计划步骤安排得详略适当。

不过，计划的最佳详细程度也存在个体差异。有些心理承受能力、意志力都比他人强的人，以及习惯对自己的生活和工作进行严格控制的人，会比他人更加适应详细的计划。因此，在调节计划的详细程度时，我们应该以自己的状况为基础。比如，你的工作性质要求你的时间安排灵活性很强，那么你在安排某些自我控制的计划时，详细程度就应该降低一点。

8. 不需要意志力的自我控制

心理观察

词语影响力实验

8.1 有没有一种方法让自我控制变轻松

自我控制很费力。无论是控制自己的情绪，还是要控制自己坚持执行某个计划，都会消耗大量的意志力。虽然意志力可以得到补充和恢复，但是消耗意志力的自控过程依然会让人感到疲惫。

比如，完成一项枯燥无味的工作会比完成一项有趣的工作让人感觉更累。因为进行前一项工作时，个体需要进行更多的自我控制。

除此之外，通过意志力进行自我控制通常难度很大。比如，有些人存在“在工作日好好工作，在休息日放松休息”的想法，也曾尝试过实践这种想法。但现实结果却经常是：在工作日里工作不够努力，而休息日时却还要想着加班。有些人一直尝试着节食减肥，却总是以失败告终。

可见，建立在意志力基础上的自我控制不但很容易让人感到疲惫，其成功执行的难度也很大。

面对这种状况，有人提出疑问：有没有一种简单、轻松的方法，来帮助我们进行自我控制？对此，心理学家进行了实验研究。

8.2 心理实验：词语对行为的影响力

心理学中有一种现象叫作“启动效应”。在前文中，我们曾多次提到过这个概念。比如，我们曾提到过的情绪的启动效应。

启动是指个体先前接收到的信息使其随后出现的行为出现了简易化或被阻碍的现象。这种影响通常在个体无意识的情况下发生，即个体并不知道这种影响的存在。

心理学家在观察和研究过程中，在人类认知、记忆、情绪等多个方面都发现了启动效应的存在。心理学家猜测，人类的行为也存在着启动效应。为证实这个猜测是否属实，心理学家进行了相关的实验研究。

实验一

荷兰心理学家卡斯特斯（Custers）是研究行为启动效应的心理学家之一。

在卡斯特斯等人设计的一个实验中，实验者在屏幕上给被试呈现一些和猜谜有关的词语，如填字游戏、七巧板等。

其中，在有些被试观看的屏幕上，还会闪现另一些词语。这些词语与积极、正面的事物或场景相关，如沙滩、朋友、家庭等。这些积极词语呈现的速度很快，这使被试无法轻易地将词语分辨出来，只能进行下意识的分辨。

被试观看完屏幕上的词语之后，实验者要求他们拼好一幅被打乱的拼图。实验者通过观察和记录不同的被试在完成拼图时的表现，发现在屏幕上“看”到过积极词汇的被试，在完成拼图时表现得更努力。

实验二

在另一个相似的实验中，实验者在一部分被试观看的屏幕上快速地呈现一些与“喝”有关的词汇。并在每个被试的身边放上一瓶水。实验者观察和记录下被试在实验过程中的饮水量。实验者发现，“看”到了与“喝”有关的词汇的被试喝了更多的水。

实验三

实验者还是通过屏幕给被试呈现词语。实验者在其中一部分被试观看的屏幕上，快速地呈现一些和关爱有关的词汇，如被试爱人的名字、护士等。观看完后，实验助手请求被试和他一起捡起掉在地上的脏东西。

通过观察被试的行为反应，实验者发现，“看”到关爱词汇的被试在和其他人相处时，表现得更友善，而且与没有“看”到关爱词汇的被试相比，他们更愿意答应别人的请求，更愿意捡起掉在地上的脏东西。

8.3 实验结论：行为上也存在启动效应

从实验中，心理学家得出了以下结论。

> 结论：个体接收到的信息会无意识地影响个体接下来的行为，使个体倾向于将自己的行为与所接收到的信息保持一致。

8.4 自控策略：让周围的信息来提示你坚持执行自己的计划

心理学家将上述现象称为“行为的启动效应”。

在前文中，我们曾提起过，启动效应是一种不需要注意力和意志力参与的自动化加工过程。结合上述实验，我们可以获得启示，自我控制过程不一定需要意志力来维持。我们可以利用行为的启动效应来控制自己的行为。

要利用行为的启动效应来控制自己的行为，最重要的就是控制自己接收到的信息。如果你接收到的信息是消极的，那么你的行为就会往消极方面发展；如果你接收到的信息是积极的，那么你的行为就会往积极方面发展。

你在执行自己的工作计划时，可以和那些为目标而坚持奋斗的人多相处。和他们在一起时，你接收到的信息大多会与“为目标而奋斗”有关。当你时时刻刻都受到这些信息的熏陶时，你的行为也会发生无意识的改变，你将更能够坚持执行自己的计划。

你还可以在自己经常活动、可以看到的地方贴上带有积极暗示的提示语，或者摆放一些带有积极信息的物品。这些信息会在不知不觉中帮助你控制自己的行为。

不过，因为启动效应是无意识的，所以当我们有意识地利用信息的启动效应控制行为时，其作用可能会受到影响。除此之外，同一个刺激物用久了，可能会因为已经习惯而导致其影响变小。因此，在利用这种方法时，我们还需同时注意避免启动信息的习惯化。我们可以通过及时用新的刺激代替已经习惯的刺激，来避免启动效应对行为产生的影响变小。

第 8 章

放松下来，别与自己对抗

寻找合适的时间适当地进行休息和放松。

1. 将自己的坏情绪写下来

心理观察

书写表达与焦虑情绪实验

1.1 写作可以发泄焦虑情绪吗

人在心情不好时需要发泄。将坏情绪积压在心中，不仅会影响心理健康，还会影响身体健康。一般来说，人们在感到焦虑时，会习惯性地找人倾诉，或是做一些运动将自己的郁闷发泄出去。

曾经有一篇关于发泄焦虑情绪的文章发表在《科学》杂志上，该研究提出，除了言语倾诉之外，我们还可以用文字来记录自己的情绪和感受，这不仅有利于缓解焦虑情绪，还有利于更好地摆脱令人焦虑的状况。

1.2 心理实验：记录焦虑情绪的发现

在实验中，首先，参加实验的被试（即将参加高考的学生）会用10分钟的时间将自己的焦虑情绪写下来，然后，研究人员会观察他们的考试成绩。

实验者发现，与没有写下焦虑情绪的被试相比，那些写下焦虑情绪的被试的成绩提升得更快。

心理学家潘尼贝克也进行了类似的实验，他对实验的内容做了进一步细化。

参加实验的被试是63个正处于失业中的技术型员工，潘尼贝克将被试随机分为三组，并予以不同的实验处理。

第一组被试是书写表达组，在实验期间，他们需要将自己在求职过程中对一些事情的观点、看法以及自己的情绪状态一一用文字记录下来；第二组被试是控制书写组，潘尼贝克会控制他们记录的内容，他们只需要将自己的求职计划和求职过程中发生的事情写下来；第三组被试是无书写表达组，他们不需要进行书写表达。

此次实验一共持续 5 天，被试每天用来书写的时间是 20 分钟，在实验期间，潘尼贝克会对被试的生理状况，如身高、体重、心跳等，以及失业中的心理状态，以问卷的形式来进行测量与记录。5 天后，实验结束，潘尼贝克对这些被试的求职情况做了进一步的跟踪记录。

潘尼贝克发现，几个月后，第一组被试的成功求职比例高达 68.4%，第二组被试的成功求职比例则将近 50%，而第三组被试的成功求职比例只有 27.3%。

1.3 实验结论：文字记录可以缓解焦虑情绪

从实验中，心理学家得出了以下结论。

> 结论：将焦虑情绪记录下来，不仅可以有效缓解焦虑情绪，还可以对诱发焦虑情绪的事件产生积极的影响，尤其是当记录行为持续进行时，积极的影响会更加明显。

1.4 自控策略：以文字作为媒介，发泄焦虑情绪

记录焦虑情绪不仅会缓解焦虑情绪，还会对诱发事件产生积极的影响。这是为什么呢？

（1）原因分析：利于思考，理清头绪

心理学家认为，文字记录除了可以被当作情绪发泄的媒介以外，还可

以被用来回顾当时的感受，它会让人们以更客观的角度来看待整个事件，从而缓解当时的消极情绪，理清头绪，找到解决问题的方法。

人们在情绪低落时，一般不愿意去思考，而通常会沉浸在消极情绪当中无法自拔。而文字记录一方面可以让人们从消极情绪中脱离出来，面对现实；另一方面也可以让人们的思维变得理性，情绪变得平静。

（2）适用范围：焦虑及其他消极情绪

文字记录可以用来缓解焦虑及其他消极情绪。如果我们不想麻烦他人当自己的情绪垃圾桶，那么不如用这种安静而有效的方式来发泄自己的消极情绪。

（3）使用策略：详细记录事件发生时的感受

我们要将诱发消极情绪的事件的经过，自己对这件事的观点与看法，以及由此产生的消极情绪记录下来，这样做对情绪调节是非常有效的。

2. 太累了，大脑也会罢工

心理观察

脑电图监测实验

2.1 自我控制是否需要休息

我们从生活经验中可以发现，当持续学习或工作的时间过久时，人们的学习和工作效率就会降低。比如，当你连续工作四五个小时，中间不休息的时候，你的工作效率就会降下来。有可能是工作速度变慢，也有可能是工作完成质量下降。而你自己也会感觉非常疲惫，觉得浑身都在闹着要“罢工”。

大多数人都认为，这种现象是由于个体体力消耗过度所导致的。因此，人们为了更好地学习与工作，会努力地调节好自己的工作与休息时间，在自己的体力耗竭时及时休息，从而进入更好的工作状态。因此，人们常说："会休息的人才会工作。"

意志力和体力一样具有可被消耗的特点。在自我控制过程中，意志力会逐渐被消耗。而日常生活中，有很多需要消耗意志力的地方，比如坚持工作、抵抗美食诱惑等。这就使意志力也会出现耗竭的状态。

既然人们在体力耗竭时需要通过休息来让自己恢复良好的工作状态，那么意志力被耗竭时，人们是否同样需要通过休息来调节自己的状态呢？不休息，是否会产生不良影响？心理学家关于意志力的一些实验研究可以解答这个问题。下面，我们就来看一个相关实验。

2.2 心理实验：是什么在监控你的行为

很多心理学家在研究自我控制的过程中发现，当个体完成一些自我控制任务之后，个体的自控力就会降低。心理学家认为，这是因为个体在自我控制过程中，其意志力被大量消耗，有时甚至会出现意志力耗竭状态。但是，意志力耗竭导致个体的自控力下降的具体机制是怎样的呢？对此，心理学家进行了实验研究。

加拿大多伦多大学的迈克尔·因兹利奇（Michael Inzlicht）博士及其学生珍妮弗·古特塞尔（Jennifer Gutsell）设计了一个实验，他们对个体的意志力耗竭状态进行了研究。

实验者先将被试随机分成两组：实验组和控制组。然后，实验者为了在实验过程中观察被试大脑内部的生物电活动情况，给被试戴上了一个布满电极和电线的"头盔"。已有研究证明，这种方法虽然不能帮助实验者精确地解读人的心理，但是可以帮助实验者了解大脑是如何处理各种问题的。

在这个实验中，实验者需要监测被试大脑皮层的前扣带皮层。科学家称人脑的这个部位是“冲突监控系统”或“错误检测系统”，它对自我控制有非常重要的作用。它的活动情况可以体现个体正在做的事情和想要做的事情是否存在差异。假如一个人走在一条熟悉的路上，本来应该在第二个路口转弯，但是他一边玩手机一边走路，低着头在第一个路口就转弯了，那么他大脑的这个区域就会发出警报，告诉他：“走错了。”这种警报可以通过“头盔”监测出来。当警报出现时，脑电图上会出现一个有明显特点的电波活动尖峰。

实验中，实验者让两组被试观看一些纪录片片段。片段的内容是一些动物受伤将死的画面，这会让观众感到难受。实验者要求实验组的被试在观看过程中控制、隐藏自己的情绪。控制组被试则不需要对自己的情绪进行隐藏。实验者的目的在于，使实验组的被试的意志力被消耗，而控制组的被试则处于一个正常水平。

看完纪录片后，实验者让两组被试参加一个斯特鲁普任务。我们在前文中曾多次提过这个任务，即实验者给被试呈现一些代表色彩的字或词，但是字词本身的色彩却与其含义不一样，比如字体是红色的“Green（绿色）”。实验者要求被试报告字体的颜色，而不是字词代表的颜色。

个体在进行这个任务的时候，大脑首先想到是字词本身的含义。因此，即使个体想报告的是字体本身的颜色，却还是会不由自主地说出字词语义的颜色。因而，被试必须对自己进行相应的控制，才能准确地报告出被呈现的字词的字体颜色。

结果，实验组的被试在斯特鲁普任务中的表现比控制组差。他们需要更多的时间反应和辨别，而犯错误的概率也更高。被试的脑电图显示，实验组的被试在完成斯特鲁普任务时，他们大脑的前扣带皮层（即冲突监控系统）活动较少，发出的警报很少、信号很弱。这表明，他们在完成斯特鲁普任务时，大脑的冲突监控系统出现了怠工现象。

实验者对实验结果进行了分析。实验者认为，大脑冲突监控系统发出的警报，可以在行为失控时提醒个体控制自己的行为。实验者根据实验组被试在实验过程中的脑电图发现被试的冲突监控系统处于怠工状态。因此，当被试的行为反应将要脱离自己本来的意愿（报告出字体的颜色），想要报告出字词含义代表的颜色时，冲突监控系统无法检测出这种冲突并向个体发出警报；或者被试检测出这种冲突的时间变长。这些都会导致他们在完成斯特鲁普任务中的错误率变高，反应时间变长。

2.3 实验结论：意志力耗竭的时候，人的大脑会怠工

从实验中，心理学家得出了以下结论。

> 结论：当意志力在自我控制过程中被耗竭时，人们大脑中的冲突监控系统的工作状态会变差，自我监控力量减弱，从而导致自我控制效果变差。

2.4 自控策略：合理休息，不要让你的警报系统怠工

上述实验所得结论告诉我们，在对自己的某个方面进行自我控制时，我们需要合理地调节自我控制的强度，在自控过程中适当地进行休息。

大部分人都知道应该合理安排工作和休息的时间。人们的这种想法来源于他们的自身体验。因为他们发现长时间的持续工作或学习不仅会使自己感到疲惫，工作或学习的效率也会下降，而经过一定的休息后，自身状态会得到恢复，工作和学习的效率会提高。

大家都把造成这种现象的原因归结于体力的消耗，但是却很少有人意识到意志力的消耗也是造成这种现象的原因之一。在自我控制过程中，能有意识地调控自控和休息时间的人非常少。大部分人在自我控制过程中，都只会一味地靠意志力坚持，直到坚持不住才发出感叹，认为自己的意志力不够坚强。

我们从上述实验可以得知，这种做法不利于提高自我控制的效果，反而会使自控力变弱。因此，在自我控制的过程中，我们应该合理休息。这可以让我们大脑中监控系统的机能得以恢复，自我控制的效果得到更好的保证。

3. 情绪敏感不仅仅是性格原因

心理观察

自控后的情绪和欲望测验

3.1 工作中的负面情绪从哪里来

上一节的实验揭示了在意志力耗竭状态下，个体自控力下降的部分原因，同时也进一步证明，自我控制过度会导致个体的自控表现变差。

那么自我控制过度除了会导致个体的自控表现变差之外，是否也还存在其他负面影响呢？

有一些人在经过一天的忙碌工作之后，情绪就会变得烦躁易怒。这些人经常会在工作繁忙阶段向周围的人（比如上下班途中和他们产生小摩擦的陌生人，他们的家人等）发脾气。还有一些人在坚持完成了一天的工作之后，变得更加难以抵抗诱惑。

对此，有的心理学家认为，这是由于个体自控力下降所导致的。但是，也有心理学家提出了不同的看法，他们认为这是自我控制过度所带来的负面影响。他们认为，自我控制过度会使人们的情绪变得更敏感，欲望变得更强烈。

为证实这一观点是正确的，心理学家进行了很多实验研究。接下来，我们就来看一个他们做的实验。

3.2 心理实验：是什么让你变得敏感

心理学家通过实验发现，自我控制会让个体产生一部分负面情绪。因此，心理学家认为，个体可以通过对这些负面情绪的感知，来判断自己的意志力状态。当这些负面情绪很多时，说明意志力可能已经处于耗竭状态。

不过，有心理学家由此提出了新的观点："因为自我控制产生的负面情绪体验与正常状态下产生的负面情绪体验基本没有差别，个体无法分辨，所以个体难以通过这种方法发现自己的意志力耗竭状态。"于是，心理学家展开了更多关于意志力耗竭状态特点的研究，并试图从中获得发现意志力耗竭状态的方法。

凯瑟琳·沃斯（Kathleen Vohs）是美国明尼苏达大学卡尔森学院的社会心理学教授。她和鲍梅斯特曾经合作开展了一项实验研究。

实验中，实验者先将被试随机分成实验组和控制组。然后，实验者让实验组完成一些自我控制任务，来使这组被试的意志力资源被消耗，使他们在进入下一个实验任务时，意志力处于耗竭状态。

接着，实验者将每组被试都分成五个小组，对他们分别进行不同的实验处理。

实验者让第一组被试观看一些悲剧短片；实验者让第二组被试观看能够让人产生愉快情绪和能够让人感觉恐怖的图片；实验者要求第三组被试将自己的手放进事先准备好的冰水中，并评估水的温度；第四组被试被实验者带进一间放着曲奇饼干的屋子，并被告知他们想吃多少就吃多少；第五组被试从实验者那里收到了一些被包装成礼品的包裹。

实验过程中，实验者对被试的行为反应进行了观察和记录。实验结束后，实验者对各组被试的情绪和感受进行了测量。

实验者对实验所得数据进行统计。结果显示，与控制组被试相比，实验组被试在看到悲剧短片的时候更加悲伤；看到令人愉快的图片时更加高兴；看到令人恐怖的图片时更加害怕。在同样的冰水里，实验组被试通过自己的感受测量到的温度比控制组低。在放有曲奇饼干的屋子里，实验组被试吃掉的曲奇饼干的数量也比控制组被试吃掉的饼干数量多。在面对礼品包裹的时候，实验组被试打开包裹的欲望更加强烈。

综合来看，实验组被试比控制组被试的反应更加敏感，欲望的表现也更加强烈。

3.3 实验结论：意志力耗竭时，个体的情绪反应更加敏感、强烈欲望也变得更加强烈

从实验中，心理学家得出了以下结论。

> 结论一：意志力的消耗与耗竭，让个体对情绪刺激以及环境刺激的反应更加敏感、强烈。
>
> 结论二：意志力的消耗与耗竭，让个体的欲望变得更加强烈。

3.4 自控策略：发现并调节你的意志力状态

从上述实验结果中，我们可以得到一些关于发现意志力状态的方法。我们可以通过自己对周围环境刺激、情绪刺激的敏感程度，以及对某些事

物的渴望程度来判断自己的意志力状态。

我们从上述实验中可得知，意志力耗竭时，个体的情绪变得更敏感，欲望也更强烈。而当一个人的情绪变得敏感时，他因为受到刺激而出现的反应就会变得强烈，从而极容易因为一些小事而大发雷霆，或者因为一点小事就陷入情绪困扰。

这种敏感、强烈的情绪反应对个体人际交往和工作都存在极大的消极影响。比如，破坏个体的人际关系，让个体无法安心工作，影响个体的决策等。

可见，自我控制过度造成的意志力耗竭状态会给生活和工作带来很大的麻烦。因此，我们需要警惕自己陷入这种状态。

想要知道自己是否陷入意志力耗竭状态，我们还是需要从这种状态的外在表现入手，比如情绪变得敏感、感知觉变得敏感、欲望更加强烈等。

经过一天的工作之后，走进小吃街，你感觉非常饥饿、周围的食物特别诱人。这种状态表明你有可能已经进入了意志力耗竭状态。

当我们根据这些外在表现发现自己进入意志力耗竭状态后，需要做的是：避免刺激源，并及时调整自己的意志力状态。

不过，因为人们都是根据自身感受来判断自己的意志力处于何种状态的，所以这种判断存在很大的主观性。而一个人的感受又会受到多种因素的影响，比如人们自己的潜意识愿望、生理状态等，这很容易导致其判断失误。所以很多人对自己的意志力状态的意识和判断都不够准确。

当一个人内心不想坚持做某件事时，就很容易在潜意识的影响下，在自我控制过程中为自己找一些理由来放松自我控制，而“累了”就是很好的一个理由。

因此，在判断自己的意志力状态时，我们还需要考虑自己是否受到了其他因素的影响。否则，意志力耗竭就有可能成为偷懒的理由。

4. 意志力消耗过量时，容易养成坏习惯

心理观察

一学期的自控力调查

4.1 工作多的时候，坏习惯也多

如前文所述，当意志力处于耗竭状态时，个体的自控力会下降，并且容易出现情绪失控、行为失控等现象。

对行为习惯的控制也是自我控制的一部分。心理学家认为，当意志力耗竭时，人们更加难以控制自己的习惯及其对行为的影响。具体表现就是，行为上的坏习惯更容易出现。

> 吸烟的人可能有过这种体验，当工作任务很多，需要加班加点才能完成时，自己的吸烟量也会随着上升。尤其是熬夜工作时，吸烟量可能会是平时的两倍甚至更多。

很多人都认为，加班时吸烟是为了提神、保持大脑清醒。但是持有上文所述观点的心理学家认为，这是因为人们在控制自己坚持工作的过程中消耗了大量意志力，导致意志力出现耗竭状态。心理学家通过实验验证了该观点的正确性，接下来让我们来看一个实验。

4.2 心理实验：哪一段时间的自控力最低

进入考试阶段的学生的宿舍经常是一片混乱。有心理学家在研究自我控制时，专门对这种现象进行了实验调查。

澳大利亚心理学家梅甘·奥腾和肯·程在研究自我控制时，受到了鲍梅斯特的“萝卜和巧克力实验”的启发，对一些学生在同一学期的不同时间段的自制力进行了调查研究。

在这个调查研究中，实验者在一个学期的不同阶段，对同一批学生被试的自制力水平进行了测量。除此之外，实验者还对这些学生的其他方面展开了调查。比如，学生的饮食情况、卫生情况、身体锻炼情况等。

学期结束后，实验者的调查也随之结束。实验者对调查所得数据进行了统计分析，结果显示：在整个学期即将结束的时候，学生在自制力水平测验中得到的成绩最差。而其他方面的调查结果显示，这个时候学生生活中的各种好习惯消失而坏习惯却出现了。

抽烟的人在期末时抽得更多了；咖啡因的摄入量也变得更多，几乎翻倍；在饮食上，他们也不再注意食物对健康的影响，选择的大多是方便的饮食方式，所以他们的垃圾食品消耗量比平时提高了 50%；至于饮酒量，并没有因为聚会机会的减少而减少。

除此之外，在学期即将结束时，学生的个人卫生状况也变得更糟糕。具体表现就是：他们不再勤快地刷牙，头发、衣服、袜子等脏了也不洗，胡子长了也不刮。

其他的行为表现也显示，学生的某些行为的积极性会降低。比如，学生们给别人回电话、洗脏盘子、拖地板等行为的积极性降低；有很多以前坚持锻炼的学生，在这个时候也会停止锻炼。

实验者对调研结果进行了分析。他们认为，调查中显示出的这种现象是因为学生在学期末时需要在复习和考试上消耗大量的意志力，而学生本人也刻意控制自己将意志力消耗在这方面。这就导致学生的意志力被大量消耗，呈现耗竭状态，从而使他们在其他方面的控制力降低，出现各种坏习惯。

4.3 实验结论：意志力耗竭时，坏习惯更容易出现

从实验中，心理学家得出了以下结论。

> 结论一：个体在某件事情上消耗大量意志力时，会导致个体在其他方面的控制力降低。
>
> 结论二：意志力处于耗竭状态时，个体的坏习惯更加容易出现。

4.4 自控策略：控制坏习惯，要先学会放松

上述实验结果验证了心理学家的观点，即意志力耗竭会导致坏习惯的出现。由此，我们可以获得启示，在自我控制过程中，应该适当地休息，让意志力资源处于良好的状态。

意志力在被消耗后是可以得到恢复和补充的。但是，假如你进行的自我控制任务强度很大，意志力的消耗速度很快且消耗过程中意志力没有得到及时补充，那么你的意志力就会陷入耗竭状态。

当意志力耗竭时，人们的自控力下降，在言行上倾向于遵循潜意识的想法，以快乐为原则，随心所欲。这不但会导致人们的情绪和言行极易失控，还会导致人们的坏习惯相继出现。

因此，想要获得更好的自控效果，就要学会合理地调控自我控制和休息的时间。在自控过程中，我们需要适当地放松自己，不要让自我控制超过意志力的限度，以免使自己长时间处于意志力耗竭状态。

5. 事情做不好，也许是休息不够

心理观察

题目解析实验

5.1 会休息，才会工作

对于休息和工作，不同的人有不同的看法。有些人认为，时间很宝贵，为了在工作上获得更高的成就，应该争分夺秒地工作；而有的人却认为，会休息才会工作，应该合理安排休息与工作时间。

持有前一种观点的人，在工作上非常努力，人们经常把这一类人称为“工作狂”。而持有后一种观点的人，会分配一些时间在休息和娱乐上。他们认为，过度的工作不但会对身体健康造成不良影响，还会对工作产生消极影响，使工作效率降低，决策发生失误等。因此，他们认为与其因为过度工作对身体造成负担而妨碍下一步工作，还不如调节好工作和休息时间，保持自己的身体健康，也让自己更有效地工作。

心理学家在研究人们的自我控制和休息之间的关系时发现，自我控制过度导致的意志力耗竭状态会造成个体智力水平暂时下降，认知任务的完成质量降低。因此，心理学家建议人们合理地安排自己的工作与休息时间。

接下来，让我们来看看心理学家做的一个实验。

5.2 心理实验：13 道 GRE 的解析题

在对自我控制的研究中，心理学家发现自控力资源（即意志力）会在自我控制过程中逐渐被消耗。所以，当个体在完成一些需要自我控制的任务之后，意志力就会处于一种耗竭状态。

当个体的意志力处于耗竭状态时，个体对自己各方面的控制力会下降，在很多方面的表现都会变差。在近期的研究中，心理学家发现，自我控制过度时，个体的智力表现也会变差。

2003 年，心理学家施迈歇尔（Schmeichel）发表了一个他的研究结果，他指出当个体的意志力资源耗竭时，个体的认知加工能力变差，显示出的智力水平会降低。

实验者先是招募了一些被试，并将他们随机分成两组：实验组和控制组。

然后，实验者要求实验组的被试完成一些会消耗意志力资源的自我控制任务。而控制组则没有。实验者的目的在于让实验组的被试在参加下一个任务的时候，意志力处于耗竭状态，而控制组被试则处于正常状态。

当实验组被试完成自我控制任务之后，实验者让被试完成 13 道从 GRE 测试（美国研究生入学考试）中抽取的解析题。实验者告诉被试，被试解答的时间只有 10 分钟。假如 10 分钟之后，被试没有完成解答，那么实验者将强行结束任务。

最后，实验者对两组被试的解答进行评分，并进行对比。结果实验者发现，与控制组的被试相比，实验组的被试答题的正确率明显偏低；意志力处于耗竭状态的被试的答题正确率低于意志力处于正常状态的被试。

5.3 实验结论：意志力耗竭会降低个体认知任务的完成质量

从实验中，心理学家得出了以下结论。

结论：意志力的耗竭，会导致个体认知任务的完成质量明显下降。

心理学家对实验进行分析后认为意志力的耗竭会使个体显示出来的智力水平下降，从而导致个体在完成对智力有要求的任务时，任务的完成质量降低。

5.4 自控策略：意志力耗竭时，不要进行重要的智力活动

从实验的结论和心理学家的观点来看，当意志力处于耗竭状态的时候，是不适合完成认知任务的。

在学习或工作中，个体常常需要用意志力控制自己抵制某些欲望（比如休闲欲、交往欲、睡眠欲等），拒绝诱惑，控制自己坚持学习与工作。因此，学习和工作不仅仅是一个消耗体力的过程，还是一个自我控制的过程。

我么从上述实验可以知道，当个体的意志力耗竭时，个体的认知任务的完成质量就会下降。而学习和工作一般都是与智力相关的认知活动。因此，当个体学习或工作过度时，其效率一般也会下降。

我们由此可知，当意志力耗竭时，我们不应该再继续完成某些和智力相关的任务，而应该适当地休息，使自己的状态尽快得到恢复。

首先，我们应该合理安排工作和休息的时间，这样可以避免自己陷入意志力耗竭状态。其次，我们应该合理安排工作任务，不要将重要的认知任务放在意志力耗竭时进行。我们可以先将一些难度比较大、比较重要的工作任务安排在状态好的时候完成，然后再将剩下的工作任务按照紧急和重要性安排在剩余的时间里完成。

这样做不但可以调节自己的工作状态，还可以在有限的时间内，把事情做得更好。

6. 决策很费神，留点精力做好决策

心理观察

决策选择实验

6.1 自控力会影响决策吗

认知、思维、情绪以及欲望都会影响人们的决策，而这些又都是自我控制的重要方面。因此，我们可以推测：自控力会间接地影响人们的决策。

决策是指通过分析、比较和判断，在多个方案中选择一个满意方案的过程。决策有大有小，小到今天早上穿哪一件衣服，吃什么早餐；大到自己选择什么样的工作，选择与哪个人共度一生。每个人都无可避免地要做出各种决策，而决策对每个人的生活都非常重要。

> 苹果公司曾经的CEO约翰·斯库里(John Sculley)在任职期间赶走了苹果的创始人之一史蒂夫·乔布斯(Steve Jobs)。这一决策在很大程度上导致了苹果公司后来陷入低谷，它被很多人评为“最糟糕的CEO决策之一”。

可见，研究决策的影响因素有很大的意义。心理学家发现，决策其实也是一个自我控制的过程，会消耗人们的意志力。而人们意志力的状态也会影响他们的决策。接下来，让我们看看心理学家是如何得出这个结论的。

6.2 心理实验：决策和人们的意志力

实验一

凯瑟琳·沃斯借用戴尔电脑的自助销售网站设计了一个实验。在戴尔电脑的自助销售网站上，顾客可以自主选择电脑的各种配置，比如硬件速度、显示器型号等。

实验者一共准备了三个实验任务。实验时，实验者给参加实验的被试随机分配其中一个任务。因此，被试由于接到的任务不同而被随机分成了三组。

第一组被试接到的实验任务是在自助销售网站上看电脑的某些参数，比较各种配置及其价格，并形成偏好和观点。他们不需要做最后的决定。实验者的目的在于模仿决策的开始阶段。

第二组被试接到的实验任务是：按照实验者所给的单子上列的电脑参数配置电脑。实验者的目的在于模拟决策的最后阶段。

第三组被试接到的任务则是：被试自己决定所要的电脑的具体参数，然后选择相应的配置，配置一台电脑。在这个任务中，被试必须自己完成整个决策的过程。

被试完成实验者所给的任务之后，实验者要求他们参加一个自制力的测试任务。实验者给每名被试一份问卷，问卷上有很多难题，实验者要求被试尽可能地解出更多的难题。实验者以被试在解答难题时坚持的时间，作为判断他们自制力强弱的标准。

结果，实验者发现，第三组被试（即需要真正作决策的被试）在解答难题时坚持的时间最短。因此，实验者认为决策会消耗人们的意志力。

通过对决策与意志力之间的研究，心理学家发现，决策会消耗人们的意志力资源，决策过程也是一个自我控制的过程。而很多关于意志力的研究证明：意志力的耗竭状态会对自我控制过程产生负面影响。于是，有的心理学家设计了实验，来研究意志力的耗竭状态对决策的影响。

实验二

实验者先将被试随机分成实验组和控制组，并让实验组的被试完成一些自我控制任务，而控制组的被试则不需要，从而使实验组的被试在参加决策任务时，意志力处于耗竭状态；控制组被试的意志力水平则处于正常状态。

然后，实验者把两组被试带到一个房间。房间里放了很多物品，物品上面标着相应的价格。实验者让被试在物品里面选择他们自己想要买的，如果他们没有想要买的，那么可以不选择任何物品。

最后，实验者在比较两组被试选择的物品之后发现，实验组的被试比控制组的被试选择的物品更少。实验组中什么都不选的被试所占比例比控制组中的比例大。

实验者在对实验结果进行分析后发现，实验组的被试之所以不选择物品或选择的物品比较少，是因为他们的意志力处于耗竭状态。这种耗竭状态让他们回避作决策这件事。在其他相似的实验中，也得出了同样的结论。

实验三

在这项实验中，实验者同样先通过让实验组被试完成一些自我控制任务，使他们的意志力处于耗竭状态。而控制组被试的意志力水平则处于正常状态。

实验时，实验者让被试假设他们自己有一万元的闲钱。然后，实验者给被试提供一些低风险而回报率较高的投资机会，让被试选择是否投资。从理财角度来说，这是一个非常好的投资机会，大部分人都会选择投资。因为一般情况下，回报越高风险就越高。

但结果显示，实验组被试大都选择继续把钱存着，不进行投资。

6.3 实验结论：意志力处于耗竭状态时，个体容易逃避做决策

从实验中，心理学家得出了以下结论。

结论一：决策是一个自我控制的过程，会大量消耗一个人的意志力资源。

结论二：当意志力处于耗竭状态时，人们会逃避做决策。

6.4 自控策略：把决策放在意志力状态好的时候进行

我们从上述实验中可以得知，当个体的意志力陷入耗竭状态时，不管他预料到的决策结果是好是坏，他都会逃避做决策。从决策结果的角度考虑，这种行为有利于个体避免做出错误的决策，但同样也会使个体错失某些良好的机会。比如，在实验三中，被试由于逃避做决策而失去了一个很好的投资机会。

无论是在生活还是在工作中，机会对人们都非常重要。而很多机会都是可遇而不可求的，错失了，就可能再也碰不到。因此，我们应该理性做决策，而不是逃避做决策。

由此可知，让自己的意志力保持一种良好的状态非常重要。而想要让意志力保持良好状态，就需要合理调节自我控制和休息的时间。除此之外，我们还需要合理安排自我控制任务，来获得更好的自控效果。

在决策上，为了避免出现以上现象，我们可以在意志力状态良好的时候做决策。

不过有些时候，决策的时间并不是我们所能选择的，这就需要我们学会及时调整自己的心态，客观理性地进行决策。假如我们预期自己将要做出某个决策，那么我们可以在做决策之前将自己的意志力状态调整好。如果决策必须在我们状态不好的时候完成，那么先不要想着放弃，先看看自己处于什么样的状态、这种状态是否会对决策产生负面影响，然后再调整自己的心态，仔细考虑各种因素，尽量客观理性地做出决策。

7. 怎样恢复你的意志力

心理观察

冥想实验

7.1 有没有方法让自己快速恢复意志力

自我控制过度会对一个人产生很多负面影响。他的自控力会下降，他会变得更敏感，情绪反应会更加激烈，欲望会变得更加强烈……在行为上最明显的表现是冲动和拖延。

比如，很多人都不敢在下班之后去逛商场和超市，因为那个时候人们最容易冲动行事，很容易买下一些平时根本不敢买的昂贵商品，或者买下一些不需要的商品。一段时间过后，当人们在恢复冷静时，再翻看自己所买的商品以及花出去的钱，总会感到后悔。

这些失控的行为会让人们感到困扰和痛苦。而它们在人们的意志力耗竭时，更容易出现。因此，人们总是会想方设法地避免意志力处于耗竭状态。但是，因为生活中利用到意志力的地方非常多，所以人们无法避免意志力被消耗。于是，许多心理学家都在研究如何尽快地恢复和补充被消耗的意志力，或者减少意志力耗竭带来的负面影响。比如，他们发现，人们经常通过休息放松、吃东西等方法恢复和补充意志力；人们还可以通过避免接触刺激源的方法，来降低意志力耗竭带来的负面影响。

除了这些方法，是否还存在其他方法可以帮助人们尽快地恢复被消耗的意志力呢？对此，心理学家进行了研究。

7.2 心理实验：意志力耗竭后效和意志力恢复

心理学家发现，虽然自控力资源会在自我控制过程中被损耗，并在损耗过度的时候进入耗竭状态。但是自控力可以通过放松和休息得到恢复。

实验一

1984 年，帕拉苏拉曼（Parasuraman）在研究过程中发现在连续的任务中周期性地插入一个带有放松性质的间隔，将有利于优化个体在后续任务中的表现。后来，图克（Tucker）在研究中也得到了类似的研究结果。

这些研究结果说明，休息和放松能够帮助个体恢复自己的意志力。为了进一步研究休息放松对意志力耗竭的影响，很多心理学家展开了更加深入的研究。

实验二

2008 年，泰勒（Tyler）和彭斯（Burns）的一系列实验证明，在两个任务之间进行一定的放松活动，可以抵消一部分意志力耗竭的负面影响，让意志力耗竭的被试在自我控制任务中的表现与意志力水平正常的被试表现相当。

这一系列实验研究都证明：放松可以有效地抵消意志力耗竭带来的负面影响。因此，很多心理学家又开始研究什么样的放松方法能够有效地抵消意志力耗竭带来的负面后效。其中，关于冥想放松的研究最多。

实验三

心理学家曾经做过这样一项实验。实验者先将被试随机分成三组：情绪抑制组、非情绪抑制组和冥想组。

然后，实验者让三组被试观看一些可以引发某些情绪的短片。实验者要求情绪抑制组和冥想组的被试在观看短片的过程中，抑制自己的情绪表现，而非情绪抑制组的被试则没有这个要求。

被试观看完短片后，实验者要求情绪抑制组和非情绪抑制组的被试马上完成一个自我控制任务。而冥想组的被试则先通过冥想练习放松自己，然后再参加自我控制任务。

实验者在比较三组被试在自我控制任务中获得的成绩后发现，非情绪抑制组和冥想组获得的成绩都明显高于情绪抑制组。而非情绪抑制组和冥想组之间的成绩则差别不大。因此，实验者认为冥想可以有效抵消意志力耗竭所带来的负面影响。

关于冥想的作用，国内也有人进行了相关研究，不过大多集中在运动员身上。比如，在2002年，王斌等人通过对自行车运动员的实验和调查，发现冥想训练可以有效地帮助自行车运动员消除其心态中的消极因素，并提高他们的自信心水平。

7.3 实验结论：放松可以抵消部分意志力耗竭带来的负面后效

从实验中，心理学家得出了以下结论。

> 结论一：放松可以抵消一部分意志力耗竭的负面后效。
>
> 结论二：冥想是一种有效的放松方式，它可以帮助人们有效地抵消意志力耗竭带来的负面后效。

7.4 自控策略：学会在自我控制中进行适当的放松训练

在自我控制的过程中，我们应该适当地安排一定的放松时间，让自己能够通过放松训练来恢复自己的自控状态。

生活中，我们可以通过很多方法来放松自己，比如听听舒缓的音乐，闭上眼睛休息几分钟等。而本节的实验也向我们展示了一种有效的放松方法，即冥想放松法。

生活中有很多人利用冥想来放松自己，而且人们冥想的方法也各有不同。其中，有一种比较常见的冥想放松法就是靠想象自己在舒适的海边休息来放松自己。

利用这个方法放松自己时，你首先需要以一个舒服的姿势坐在或躺在椅子上。然后，闭上眼睛放松自己。你慢慢地深呼吸，每深呼吸一次，你就觉得放松一些。（深呼吸 3~5 次就行）

接着，你想象自己正躺在海边的一张躺椅上休息。想象海水很清澈，很平静。微微的海风吹来，让你感觉非常舒服，带走了你的疲惫。柔和的阳光照射在你身上，你感觉非常温暖，浑身的疲惫也被温暖的阳光赶走。你感觉身体越来越舒适，越来越放松……

冥想放松所达到的效果存在个体差异，有些人很容易通过冥想得到放松，而有些人达到的放松效果却比较差。这与个体的受暗示程度、想象力以及使用冥想放松法的熟练程度相关。一般来说，越容易受暗示的人通过冥想放松法得到的放松效果越好。所以，那些想象力比较差、接受暗示的程度又比较低的人可以通过其他的放松方式得到更好的放松效果。

因此，关键是找到适合自己的放松方式，并达到放松的目的，恢复自己的意志力水平。比如很多人都认为，在工作和学习过程中，每两个小时闭上眼睛休息 10 ~ 20 分钟，什么都不想，就可以达到很好的放松效果，可以让自己拥有良好的工作状态。

综上所述，假如你想要保持一种良好的自我控制状态，那就应该在自我控制过程中合理地调节好休息的时间，以适合自己的休息放松方式快速地放松自己，让自己的意志力水平得到恢复。

后记

我们这个团队研究心理学并创作心理学图书，至今已接近十年。这真是一个让人满心感触的时刻。

确切地说，最初我们只是觉得心理学很好玩，至少我们能从中发现一些独到的生活见解。然而，当尝试着潜心于此后，我们发现心理学恰恰是我们真正需要的那种知识。实际上，我们每个人的生活，包括做一个决定、购买一件商品、结识一个朋友、管理一个团队，当然也包括教育自己的孩子或学生，以及你对自己的判断、对他人的判断等，无不涉及心理活动。从某种程度上说，正是你心中的感觉、印象、联想、推理、判断以及那些看不到的习得性认知决定了你的人生信念、行为态度，也由此决定了你生活的世界是怎样的。

可以说，我们都活在自己的心理世界中，了解心理学可以让我们的生活变得更美好。正是因为这个原因，我们从最初隐约觉得应将心理学作为一个重要研究领域开始，到今天，我们发展成一个拥有数十人的优秀心理学研究团队。我们的动力就在于希望让心理学更广泛地传播开来，提供给读者应对生活问题的心理学知识。我们还在努力，我们希望每一本书都成为令你满意的作品。

需要特别说明的是，我们的每一部作品都包含了团队的智慧。很多人都参与了这本书的写作或资料收集与分析工作，他们是洪少萍、孙科柳、李瑞文、秦术琼、宋松红、谭海燕、谭汉贵、王晓荣、杨兵、杨选成、袁雪萍、孙东风、孙丽、李国旗、石强、孙科江、陈智慧、安航涛、李艳、潘长青等。本书最终由孙科炎（笔名“谷元音”）和姜婷进行文字修订并定稿。

在此，对以上人员表示衷心的谢意！